U0197527

三亚红树林

王　瑁　王文卿　林贵生等　著

科学出版社
北京

内 容 简 介

三亚红树林是我国最具热带特色的红树林，也是国内最美的城市红树林。本书系统介绍了三亚红树林的分布、面积、生物（植物、软体动物、蟹类、鱼类、鸟类）多样性，在吸收世界红树林研究、保护与管理最新成果的基础上，通过对三亚红树林结构与功能的充分挖掘，全方位展现三亚红树林之美，指出三亚红树林保护、管理和利用中存在的问题，并提供解决方案。

本书可以为科研人员提供研究三亚红树林的基本素材，为旅游者提供三亚红树林深度旅游导览，为滨海湿地管理者提供红树林保护、管理和修复的科学依据。

图书在版编目（CIP）数据

三亚红树林 / 王瑁等著. —北京：科学出版社，2019.3
ISBN 978-7-03-060635-8

Ⅰ. ①三⋯ Ⅱ. ①王⋯ Ⅲ. ①红树林－森林保护－研究－三亚市 Ⅳ. ① S796

中国版本图书馆 CIP 数据核字（2019）第 037065 号

责任编辑：李 迪 侯彩霞 / 责任校对：严 娜
责任印制：吴兆东 / 封面设计：金舵手世纪

科 学 出 版 社 出版
北京东黄城根北街 16 号
邮政编码：100717
http://www.sciencep.com

北京建宏印刷有限公司 印刷
科学出版社发行　各地新华书店经销

*

2019 年 3 月第 一 版　开本：720×1000　1/16
2019 年 3 月第一次印刷　印张：13 1/4
字数：260 000
定价：220.00 元
（如有印装质量问题，我社负责调换）

《三亚红树林》著者名单

总 策 划：林贵生

编写人员：王　瑁　　王文卿　　林贵生

马　维　　符瑞祺

前　言

　　红树林是热带亚热带海湾河口的木本植物群落。红树林与潮间带滩涂、潮沟和浅水水域组成红树林湿地生态系统，是世界上生物多样性最丰富、生产力最高的四大海洋生态系统之一。红树林是地球上生态系统服务功能最高的自然生态系统之一，每公顷的红树林每年提供的生态系统服务价值达 193 843 美元，仅次于珊瑚礁（352 249 美元），远高于热带雨林。红树林也是世界上最具旅游科普价值的自然生态系统之一，具备了生态旅游的所有要素。作为我国最具热带特色的红树林，三亚红树林以种类最丰富、树种最古老、植株最高大和珍稀濒危种类最多等特点，而具有无可比拟的生态价值与景观价值，成为国内最美的城市红树林。

　　三亚历史上曾经有 2000～3000hm² 的红树林，城市扩张和围塘养殖导致三亚大部分红树林消失，目前仅在青梅港、三亚河、铁炉港和榆林港残存小面积的天然红树林，总面积 73hm²。因此，科学合理地保护、恢复和利用三亚不可多得的红树林资源，对提高三亚城市品位、发展生态旅游具有重要作用。2015 年，三亚提出了"生态修复、城市修补"的"双修"理念，这为统筹解决红树林生态保护与城市发展提供了难得的机会。本书是笔者在对三亚红树林十多年调查的基础上完成的。在吸收全世界红树林研究、保护与管理最新成果的基础上，通过对三亚红树林结构与功能的充分挖掘，全方位展现三亚红树林之美，指出三亚红树林保护、管理和利用中存在的问题，并提供解决方案。希望本书能够为科研人员提供研究三亚红树林的基本素材，为旅游者提供三亚红树林深度旅游导览，为滨海湿地管理者提供红树林保护、管理和修复的科学依据。

本书基于以下调查：
- ◆ 1999 年 11 月，三亚河红树林调查。
- ◆ 2001 年 7 月，三亚河红树植物资源调查。
- ◆ 2002 年 7 月，三亚河、铁炉港、崖城镇红树植物资源调查。
- ◆ 2003 年 7 月 25～27 日，三亚河、铁炉港、亚龙湾红树林古树调查。

◆ 2005 年 11 月 21 日，三亚铁炉港红榄李专项调查。

◆ 2006 年 8 月，三亚河、铁炉港红树植物种类分布格局调查。

◆ 2008 年 6 月 11 日，三亚河、榆林河红树林调查。

◆ 2008 年 10 月 17 日，铁炉港、亚龙湾红树林调查。

◆ 2008 年 11 月 10～18 日，三亚红树林动植物资源综合调查。

◆ 2009 年 2 月 9～10 日，三亚青梅港动植物资源应急调查。

◆ 2009 年 7 月 6～7 日，三亚青梅港、三亚河红树林补充调查（植物群落和底栖动物）。

◆ 2011 年 3 月 29 日，三亚铁炉港古树调查。

◆ 2011 年 9 月 1 日，三亚榆林河植物资源补充调查。

◆ 2011 年 12 月 9 日，三亚青梅港红树林死亡事件前期调查。

◆ 2012 年 1 月 2～7 日，三亚青梅港红树林死亡事件综合调查。

◆ 2012 年 8 月 20 日，三亚青梅港红树林恢复情况调查。

◆ 2014 年 6 月 14 日，三亚青梅港植物资源补充调查。

◆ 2014 年 9 月 8 日，三亚铁炉港红榄李及古树调查。

◆ 2015 年 3 月、6 月、10 月，三亚河、青梅港和铁炉港软体动物、蟹类、鱼类的春、夏、秋季调查。

◆ 2015 年 11 月 20～21 日，三亚河和铁炉港市级红树林自然保护区规划调查。

◆ 2016 年 2 月，三亚河、青梅港和铁炉港鱼类、软体动物、蟹类调查。

◆ 2016 年 2 月，王文卿作为总召集人，召集植物、鱼类、鸟类、底栖动物、昆虫、两栖类、爬行类等方面的专家，对三亚铁炉港红树林进行综合科考。

◆ 2017 年 6 月 8～10 日，三亚河红树林植物调查。

著　者

2018 年 8 月

目　　录

第 1 章

红树林及三亚的红树植物

1.1　红树林及其名称由来

红树林是生长在热带亚热带地区海岸潮间带滩涂上的木本植物群落。涨潮时红树林被海水部分淹没仅树冠露出水面，故被称为"海上森林"；有时完全淹没，只在退潮时才露出，也有人将其称为"海底森林"。

涨潮时的红树林　　　　　　　　　　　　退潮时的红树林

红树林名称源于红树科植物木榄，马来人在砍伐这种植物时，发现不但裸露的木材显红色，而且砍刀的刀口也变成红色。他们刮取这种植物的树皮熬制红色染料用于染渔网，其树皮也被称为"红树皮"。这种染料具有防腐功能，用其处理过的渔网不易被海水腐蚀。组成红树林的主要植物种类是红树科植物木榄、红海榄、海莲、角果木、正红树等，它们的树皮都可以提取红色染料。这些植物的树皮之所以呈红色，是因为树皮富含单宁，单宁接触空气被氧化而呈红色。需要指出的是，并不是所有红树植物的树皮割开后都呈红色，三亚常见的白骨壤的树皮割开后呈黄白色。此外，除红榄李和木榄等少数物种外，大部分红树植物的花并不是红色的。

海莲红色树皮及木材　　　　　　　　　　红海榄树皮及木材

木榄花　　　　　　　　　　　　　　　红榄李花

　　红树林生态系统（mangrove ecosystem）：由生产者（包括真红树植物、半红树植物、红树林伴生植物、底栖藻类及水体浮游植物等）、消费者（鱼类、底栖动物、浮游动物、鸟类、昆虫等）、分解者（微生物）和无机环境有机集成的系统。有时也用"红树林"一词来指红树林生态系统。

　　红树林湿地（mangrove wetland）：有一定面积红树林存在的滨海湿地，包括有林地、林外裸滩、潮沟及低潮时水深不超过 6m 的水域。

1.2　红树林中的植物

　　红树林中的植物根据其特点可以分为真红树植物、半红树植物和红树林伴生植物。那些专一性生长于海岸滩涂的木本植物称为真红树植物，它们只能生长在海岸滩涂，具有以下全部或大部分特征：胎生、繁殖体随海水传播、发达的呼吸根与气体传输系统、体内高效的水分与无机盐平衡系统。三亚常见的正红树、白骨壤、角果木和榄李等均为真红树植物。此外，学术界把卤蕨和尖叶卤蕨也归为真红树植物，这两个种不是木本植物，且卤蕨在海岸滩涂和陆地淡水环境都可以生长。为什么它们能够得到"特别优待"，笔者还没有找到答案。那些既能在海岸滩涂生长，也能在陆地生长的两栖木本植物称为半红树植物。三亚常见的半红树植物有黄槿、海檬果、苦郎树等。这些植物除具有繁殖体随海水传播的特征和有一定的耐盐能力外，与一般的陆生植物在外观上没有明显差别。真红树植物和半红树植物合称为红树植物。

生长于淡水环境中的真红树植物卤蕨　　　　常用于园林绿化的半红树植物黄槿

　　为什么真红树植物只能生长于海岸滩涂？它们是否也可以在陆地生长？这些问题至今没有令人满意的答案。有人说在没有竞争对手的前提下，真红树植物可以在陆地淡水环境正常生长，但它们之所以只能在海岸滩涂生长，是因为在陆地淡水环境中竞争不过其他植物，它们是被"赶"下海的。在海岸滩涂，土壤和海水中的盐分限制了其他陆生植物的生长，只留下耐盐能力较高的真红树植物。这种情况被称为"生态需盐"。也有人认为真红树植物离不开海岸滩涂的理由是"对咸水环境的生理需求"，只有在咸水环境中它们才能完成正常生长发育过程。这种情况被称为"生理需盐"。目前，真红树植物是"生理需盐"还是"生态需盐"，学术界还没有一致的意见。

　　联合国教育、科学及文化组织（简称"联合国教科文组织"，United Nations Educational, Scientific and Cultural Organization, UNESCO）、联合国开发计划署（The United Nations Development Programme, UNDP）、联合国环境规划署（United Nations Environment Programme, UNEP）及国际红树林生态系统学会（International Society for Mangrove Ecosystem, ISME）曾多次召开学术会议，并于1991年制定

了《红树林宪章》，界定了60种红树植物。2015年11月在厦门大学召开的世界自然保护联盟（International Union for Conservation of Nature，IUCN）红树林特别小组（Mangrove Specialist Group，MSG）会议专门讨论了红树植物的界定问题。虽然真红树植物和半红树植物的划分标准已经得到了大部分学者的认同，但全世界究竟有多少种真红树植物，目前还没有确切的答案，争议的焦点在银叶树、海漆及老鼠簕属和卤蕨属的种类。一般而言，全世界有真红树植物73种（包括变种和杂交种）。需要说明的是，相对真红树植物而言，半红树植物的界定比较随意，有些人把热带亚热带海岸分布的具有一定耐盐能力的所有木本植物都列入半红树植物，三亚常见的椰子（*Cocos nucifera*）、木麻黄（*Casuarina equisetifolia*）、榄仁（*Terminalia catappa*）甚至三亚市树酸豆（*Tamarindus indica*）等是半红树植物。

除真红树植物和半红树植物外，红树林中还有一些植物，它们的个体数量或生物量都相对较少，对红树林群落结构与功能起次要作用，但确实在红树林中有出现，称为伴生植物。三亚红树林中常见种类有南方碱蓬（*Suaeda australis*）、海马齿（*Sesuvium portulacastrum*）、鱼藤（*Derris trifoliata*）、粗根茎莎草（*Cyperus stoloniferus*）、飘拂草（*Fimbristylis* spp.）和附生植物球兰（*Hoya*

铁炉港常见的南方碱蓬　　　三亚海边常见植物海马齿

乡土植物鱼藤对三亚红树林造成严重威胁

附生植物球兰——三亚铁炉港红树林一道独有的景观

carnosa)。鱼藤在一些地方如三亚河两侧和榆林港爆发式生长，对红树林造成危害。球兰在铁炉港的榄李和木果楝树干上大量出现。

1.3　三亚的真红树植物和半红树植物

中国有原生真红树植物 26 种（包括杂交种和变种）、半红树植物 11 种（表 1-1，表 1-2 ）。1999 年以来，我们对三亚红树林分布区开展了拉网式反复调查，在三亚共记录原生真红树植物 18 种、半红树植物 11 种，加上以前报道有分布但没有找到的尖叶卤蕨和小花老鼠簕，三亚有原生真红树植物 20 种、半红树植物 11 种，分别占全国的 77% 和 100%。此外，三亚还引种了原产于孟加拉国的无瓣海桑和原产于墨西哥的拉关木。值得注意的是，三亚铁炉港面积仅 3hm^2 的天然红树林，就有 16 种真红树植物和 10 种半红树植物，是天然的红树林植物园。

表 1-1　三亚及国内各省区真红树植物种类

名种	海南	广东	广西	台湾	香港	澳门	福建	浙江	三亚
卤蕨 *Acrostichum aureum*	√	√	√	√	√	√	√		√
尖叶卤蕨 *A. speciosum*	√	√							灭
木果楝 *Xylocarpus granatum*	√	引							√
海漆 *Excoecaria agallocha*	√	√	√	√	√		√		√
水芫花 *Pemphis acidula*	√			√					
杯萼海桑 *Sonneratia alba*	√								√
海桑 *S. caseolaris*	√	引							引
海南海桑 *S. ×hainanensis*	√								√
卵叶海桑 *S. ovata*	√								引
拟海桑 *S. ×gulngai*	√								
木榄 *Bruguiera gymnorhiza*	√	√	√	灭	√		√		√
海莲 *B. sexangula*	√	引					引		√

续表

名种	海南	广东	广西	台湾	香港	澳门	福建	浙江	三亚
尖瓣海莲 B. s. var. rhynochopetala	√	引					引		√
角果木 Ceriops tagal	√	√	灭	灭					√
秋茄 Kandelia obovata	√	√	√	√	√	√	√	引	引
正红树 Rhizophora apiculata	√								√
拉氏红树 R. × lamarckii	√								灭
红海榄 R. stylosa	√			√	灭		引		√
红榄李 Lumnitzera littorea	√								√
榄李 L. racemosa	√	√	√	√	√		引		√
桐花树 Aegiceras corniculatum	√	√	√	√	√	√			√
白骨壤 Avicennia marina	√	√	√	√	√	√			√
小花老鼠簕 Acanthus ebracteatus	√	√	灭						灭
老鼠簕 A. ilicifolius	√	√	√	√	√				√
瓶花木 Scyphiphora hydrophyllacea	√								√
水椰 Nypa fruticans	√								灭
合计*	26	12	11	10	9	5	7	0	20

*: 仅计算原生种（含灭绝种）。√: 原生种；引: 引种；灭: 灭绝种

表 1-2　三亚及国内各省区半红树植物种类

种名	海南	广东	广西	台湾	香港	澳门	福建	浙江	三亚
莲叶桐 Hernandia nymphaeifolia	√			√					√
水黄皮 Pongamia pinnata	√	√	√	√	√		灭/引		√
黄槿 Hibiscus tiliaceus	√	√	√	√	√	√	√		√
杨叶肖槿 Thespesia populnea	√	√	√	√	√		引		√
银叶树 Heritiera littoralis	√	√	√	√	√				√
玉蕊 Barringtonia racemosa	√	√	√	√	√		引		√
海檬果 Cerbera manghas	√	√	√	√	√	√	引		√
苦郎树 Clerodendrum inerme	√	√	√	√	√		引		√
钝叶臭黄荆 Premna obtusifolia	√	√	√	√	√		引		√
海滨猫尾木 Dolichandrone spathacea	√	灭/引							√
阔苞菊 Pluchea indica	√	√	√	√	√	√	√		√
合计*	11	10	8	10	8	4	4	0	11

*: 仅计算原生种（含灭绝种）。√: 原生种；引: 引种；灭: 灭绝种

真红树植物种类介绍

卤蕨 *Acrostichum aureum* Linn.

卤蕨科（Acrostichaceae）卤蕨属（*Acrostichum*）多年生草本。我国海南、广东、广西、福建、香港和台湾等地有天然分布，福建云霄漳江口的卤蕨已于20 世纪 90 年代灭绝。被列入《海南省省级重点保护野生植物名录》（2006）。

三亚青梅港、三亚河、铁炉港和榆林港均有天然分布，但数量不多。周小飞和黎军（2000）报道三亚河及榆林港有尖叶卤蕨（*A. speciosum* will.）的分布，但我们多次调查均未发现，初步确认尖叶卤蕨在三亚已经灭绝。栖息地破坏是三亚卤蕨种群数量减少和尖叶卤蕨灭绝的主要原因。

卤蕨群落

卤蕨植株

尖叶卤蕨孢子叶

尖叶卤蕨群落

海漆 *Excoecaria agallocha* Linn.

大戟科（Euphorbiaceae）海漆属（*Excoecaria*）半常绿或落叶乔木，具发达的表面根。因全株具白色乳汁（有毒），又名牛奶红树。木材燃烧发出沉香味，可为沉香代用品，故又名土沉香。我国仅天然分布于海南、广东、广西、福建、香港和台湾。福建云霄漳江口的海漆已于20世纪90年代灭绝。多散生于高潮带以上的红树林内缘，在不受潮汐影响的地段也有分布。

三亚青梅港、三亚河、铁炉港和榆林港均有天然分布。

海漆是红树植物中少有的半常绿或落叶乔木

海漆果

海漆表面根

海漆树皮

木果楝 *Xylocarpus granatum* Köenig

楝科（Meliaceae）木果楝属（*Xylocarpus*）常绿小乔木，有不甚发达的板根或蛇形表面根。果球形，直径 10～12cm，是国内单果重最大的真红树植物。我国仅天然分布于海南东海岸的文昌和三亚，海口东寨港和广东雷州有引种。根据 IUCN 的地区评估标准，木果楝在我国被列为易危（VN）种，与红榄李、海南海桑、水椰和拟海桑被《中国植物红皮书》收录。栖息地破坏和盗伐是其主要威胁因素。

三亚青梅港、三亚河、铁炉港和榆林港有天然分布，其中铁炉港和榆林港是我国木果楝古树的集中分布地。榆林港有一株木果楝古树，基围 3.2m，高 8m，为国内最大的木果楝。

木果楝花

木果楝果

木果楝表面根

木果楝群落（三亚青梅港）

杯萼海桑　*Sonneratia alba* Smith

海桑科（Sonneratiaceae）海桑属（*Sonneratia*）常绿乔木，有发达的笋状呼吸根。杯萼海桑为海桑属植物中分布最广的种类，广泛分布于热带非洲、热带亚洲、大洋洲及西太平洋岛屿。我国仅见于海南岛东海岸，从文昌到三亚均有天然分布。杯萼海桑不仅是海桑属植物中最耐盐的种类，也是红树植物中耐盐能力最强的物种之一；为红树林先锋树种，常见于海滩外缘。被列入《中国生物多样性红色名录（高等植物卷）》和《海南省省级重点保护野生植物名录》（2006）。

三亚青梅港、三亚河、铁炉港和榆林港均有天然分布，铁炉港有少量人工种植，但个体数量不多。

杯萼海桑花

杯萼海桑果

杯萼海桑群落

分布于海岸最前沿的杯萼海桑

木榄　*Bruguiera gymnorhiza*（Linn.）Lamk

　　红树科（Rhizophoraceae）木榄属（*Bruguiera*）常绿乔木，有发达的膝状呼吸根，有时具支柱根和板根。显胎生，胚轴长 15～25cm，雪茄状，端部钝。属于演替后期树种，多分布于红树林内缘高潮线附近。我国海南、广东、广西、福建、香港和台湾等地有天然分布。台湾的木榄已于 20 世纪 50 年代灭绝。福建云霄是其在我国大陆天然分布的北界，福建九龙江口有引种。被列入《海南省省级重点保护野生植物名录》（2006）。

　　三亚青梅港、三亚河、铁炉港和榆林港均有天然分布。青梅港的木榄个体数量不超过 10 株。

木榄花

木榄胚轴

木榄植株

木榄膝状呼吸根

海莲 *Bruguiera sexangula*（Lour.）Poir.

红树科（Rhizophoraceae）木榄属（*Bruguiera*）常绿乔木，有发达的膝状呼吸根，有时具支柱根和板根。胚轴长 5～10cm。属于演替后期树种，多分布于红树林内缘高潮线附近。我国仅海南文昌、海口、陵水、三亚、儋州有天然分布。1987 年成功引种到福建九龙江口。被列入《海南省省级重点保护野生植物名录》（2006）。

三亚仅在铁炉港有天然分布，其中有一株海莲树高 12m，在高 1m 处分为两枝，胸围分别为 196cm 和 290cm，为目前国内最大个体。

海莲花

海莲胚轴

海莲膝状呼吸根

国内最大海莲古树

尖瓣海莲　*Bruguiera sexangula*（Lour.）Poir. var. *rhynochopetala* Ko

红树科（Rhizophoraceae）木榄属（*Bruguiera*）常绿乔木，为海莲和木榄的杂交种。树干表面有发达的皮孔，胎生，胚轴长 12cm 左右。属于演替后期树种，多分布于红树林内缘高潮线附近。天然分布于海南岛东海岸及西海岸个别地区（儋州湾），东寨港、清澜港较多。被列入《海南省省级重点保护野生植物名录》（2006）。

三亚仅在铁炉港有天然分布，数量不超过 5 株。

尖瓣海莲花　　　　　　　　　　　　　尖瓣海莲胚轴

尖瓣海莲发达的皮孔　　　　　　　三亚铁炉港的尖瓣海莲

红海榄　*Rhizophora stylosa* Griff.

红树科（Rhizophoraceae）红树属（*Rhizophora*）常绿乔木或灌木，支柱根发达。胚轴圆柱形，长30～40cm，表面有疣状突起。属于演替中期树种，常见于红树林的中内缘。我国海南、广东、广西、香港（已灭绝）、台湾有天然分布，福建九龙江口有引种。红海榄林是海南岛分布面积仅次于白骨壤林的群落类型。被列入《海南省省级重点保护野生植物名录》（2006）。

三亚少见，仅在青梅港有少量分布。

红海榄花

红海榄胚轴

红海榄发达的支柱根

红海榄林内景观

正红树　*Rhizophora apiculata* Bl.

红树科（Rhizophoraceae）红树属（*Rhizophora*）常绿乔木，支柱根发达，又名红树。胚轴略弯曲，绿紫色，有疣状突起，长 20～40cm。常见于海浪平静、淤泥松软的浅海盐滩或海湾内的沼泽地，常形成单种优势群落。我国仅见于海南岛东海岸，从三亚到文昌均有分布。2016 年在海南西海岸的儋州新盈红树林国家湿地公园也发现了少量天然分布的个体。被列入《海南省省级重点保护野生植物名录》（2006）。

三亚青梅港、三亚河、铁炉港及榆林港均有天然分布，是三亚红树林的绝对优势种。

正红树花　　正红树雄蕊脱落后的花　　正红树胚轴

青梅港的正红树　　铁炉港的正红树

拉氏红树 *Rhizophora × lamarckii* Montrouz. Mém.

红树科（Rhizophoraceae）红树属（*Rhizophora*）常绿乔木，支柱根发达。为红海榄和正红树的杂交种。果实发育不久即脱落，至今未见胚轴。常见于红树林中内滩。拉氏红树具有明显的杂种优势，在红树林人工造林方面具有潜在应用价值。野外个体数量稀少，分布范围狭窄，建议严格保护。

2012 年 1 月，我们在三亚青梅港发现 1 株与红海榄和正红树均存在差别的植物。中山大学施苏华教授采用分子生物学手段确认其为红海榄和正红树的杂交种。可惜的是，该树不久后遭到破坏。2016 年 1 月和 5 月，我们分别在海南儋州新盈红树林国家湿地公园和陵水新村港发现了少量拉氏红树。

拉氏红树花

拉氏红树果

明显高于红海榄和正红树的拉氏红树

三亚青梅港的拉氏红树

角果木　*Ceriops tagal*（Perr.）C. B. Rob.

红树科（Rhizophoraceae）角果木属（*Ceriops*）常绿灌木或小乔木，有膝状呼吸根。胚轴长 15～30cm，有纵棱与疣状突起，角果木由此得名。我国主要分布于海南岛东海岸的东寨港和清澜港，西海岸也有少量分布；广东湛江南端的徐闻有少量分布。台湾高雄和广西的角果木已灭绝。多见于潮间带中上部，有时可分布到只有特大潮才淹及的高潮带上缘，常成纯林。被列入《海南省省级重点保护野生植物名录》（2006）。

三亚青梅港、三亚河、铁炉港和榆林港有天然分布，角果木是青梅港红树林优势种之一，在铁炉港和榆林港数量稀少。

角果木叶

角果木花

角果木胚轴

角果木植株

角果木膝状呼吸根

红榄李 *Lumnitzera littorea*（Jack）Voigt

使君子科（Combretaceae）榄李属（*Lumnitzera*）常绿乔木，有膝状呼吸根。总状花序顶生，花红色。常见于红树林内缘。对低温极为敏感，是我国最不耐寒的红树植物。我国仅在海南陵水和三亚有天然分布，野外个体数量不超过15株。海南东寨港有引种，但极易遭受寒害。红榄李是世界濒危种。在我国，红榄李被列为极小种群（狭域分布）保护物种，国家Ⅱ级重点保护植物，被列入《中国植物红皮书》《中国物种红色名录》《中国生物多样性保护战略与行动计划》之"植物种优先保护名录"、《海南省省级重点保护野生植物名录》（2006）等。种子败育、生境破坏（鱼塘排污）和盗伐是其濒危的主要因素。强烈建议加大就地保护力度。

在三亚铁炉港天然分布有9株成年个体，均为百年以上古树。2010年以前多次调查均未发现小苗，也没有采集到成熟可育的果实。2011年以来，海南师范大学的张颖等通过人工授粉等手段，显著改善了种子发育情况，提高了发芽率。林内及林缘逐渐有野生小苗出现。

红榄李花

红榄李果

天然红榄李苗

铁炉港红榄李古树

红榄李花蕾

榄李　*Lumnitzera racemosa* Willd.

使君子科（Combretaceae）榄李属（*Lumnitzera*）常绿灌木或小乔木。总状花序腋生，花白色。对盐度有广泛的适应能力，是红树植物中最适应陆地环境和耐盐能力最高的植物之一。我国海南、广东、广西、香港及台湾有天然分布，福建有引种。属于演替后期树种，生长于高潮带或大潮可淹及的泥沙滩。被列入《海南省省级重点保护野生植物名录》（2006）。适合榄李生长的高潮带滩涂被改造为鱼塘是其主要威胁因素。

三亚青梅港、三亚河、铁炉港和榆林港均有天然分布。榄李是青梅港红树林的优势种，而铁炉港则有大量榄李古树。

榄李花

榄李果

榄李根

国内最高大的榄李（三亚青梅港）

桐花树 *Aegiceras corniculatum*（Linn.）Blanco

紫金牛科（Myrsinaceae）蜡烛果属（*Aegiceras*）常绿灌木或小乔木。泌盐红树植物，天气晴好时叶片上表面常见白色盐结晶。蒴果圆柱形，弯曲如新月。隐胎生，胚轴发育过程中始终未突破果皮，成熟脱落后随水漂浮一段时间，胚轴胀破果皮，随之失去漂浮能力。常出现于红树林外缘，属于演替中前期树种。我国除浙江、福建闽东地区和台湾外，有红树林的地方均有桐花树分布，桐花树林是我国主要红树林群落类型，面积仅次于白骨壤林。

三亚青梅港、三亚河、铁炉港和榆林港均有天然分布，但个体数量不多。

桐花树花

桐花树隐胎生果实

桐花树叶片表面盐腺泌盐

涨潮时桐花树群落

白骨壤　*Avicennia marina*（Forssk.）Vierh.

马鞭草科（Verbenaceae）海榄雌属（*Avicennia*）常绿灌木或小乔木，具发达的指状呼吸根。叶片上下表面均有盐腺，天气晴好时叶片表面常见白色盐结晶。隐胎生蒴果近扁球形。白骨壤果实俗称"榄钱"，经水煮后清水浸泡1～2天去涩后可食，榄钱海螺（多为文蛤）汤已经成为广东、广西和海南部分沿海地区的一道天然美食。不常吃海鲜的内地人到海边旅游常因大量进食海鲜而消化不良，广西民间认为吃榄钱海螺汤有较好的缓解效果。我国除浙江及福建闽东地区外，有红树林的地方就有白骨壤，福建福清（25°72′N）是其目前分布的北界。白骨壤林也是中国分布面积最大的红树群落类型之一。是耐盐和耐淹能力最强的红树植物，属于演替先锋树种，常成片出现于红树林外缘。近年来常发生大面积的虫害。

三亚青梅港、三亚河、铁炉港和榆林港均有白骨壤天然分布，白骨壤也是铁炉港红树林优势种之一。

白骨壤花

白骨壤果

白骨壤指状呼吸根

铁炉港的白骨壤古树

老鼠簕 *Acanthus ilicifolius* Linn.

爵床科（Acanthaceae）老鼠簕属（*Acanthus*）常绿亚灌木。叶缘具4～5羽状浅裂或全缘。叶片上表面具盐腺，天气晴好时可见到白色的结晶盐。我国海南、广东、广西、福建、香港、澳门和台湾有天然分布。生长于红树林内缘、潮沟两侧，有时也组成小面积的纯林。广东和广西沿海居民认为老鼠簕的根可以用于治疗男性不育和肝病，野生老鼠簕常被盗挖。被列入《海南省省级重点保护野生植物名录》（2006）。

符国瑗和黎军（1999）、周小飞和黎军（2000）报道三亚河有老鼠簕分布。我们多次调查仅在三亚河找到少量个体。

老鼠簕花

老鼠簕果

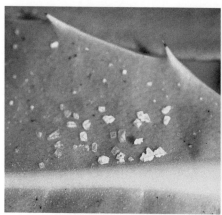
老鼠簕叶片表面盐腺泌盐

老鼠簕气生根

小花老鼠簕 *Acanthus ebracteatus* Vahl

　　爵床科（Acanthaceae）老鼠簕属（*Acanthus*）常绿亚灌木。外形与老鼠簕很相似，与其最明显的区别是小花老鼠簕叶缘羽状深裂，先端平，而后者叶缘羽状浅裂或全缘，先端尖；花小，长不超过 2.5cm，没有小苞片。生境与老鼠簕类似。我国海南、广东、广西有天然分布，文昌清澜港较多。被列入《海南省省级重点保护野生植物名录》（2006）。

　　周小飞和黎军（2000）报道三亚河有小花老鼠簕的天然分布，但我们多次调查均未找到。2008 年 9 月，我们在榆林港榆亚盐场附近发现一株被拔出遗弃的小花老鼠簕死亡个体，之后再也没有找到新的个体。可以确认，三亚的小花老鼠簕已经灭绝。

小花老鼠簕花

小花老鼠簕果

小花老鼠簕气生根

小花老鼠簕（左）与老鼠簕（右）叶片

瓶花木 *Scyphiphora hydrophyllacea* Gaertn. f.

茜草科（Rubiaceae）瓶花木属（*Scyphiphora*）常绿灌木或小乔木。我国仅分布于海南文昌清澜港和三亚。生长于中高潮带滩涂，常与榄李生长在一起。被列入《海南省省级重点保护野生植物名录》（2006）。

三亚青梅港、铁炉港和榆林港均有天然分布，但个体数量少。铁炉港唯——一株也是迄今为止国内记录的最大瓶花木古树已于 2012 年死亡。

瓶花木花

瓶花木幼果

瓶花木果

瓶花木成熟果

水椰　*Nypa fruticans* Wurmb.

棕榈科（Arecaceae）水椰属（*Nypa*）常绿灌木，具水平行走的粗壮根状茎，具大型直立羽状叶。我国仅在海南岛海口、文昌、琼海、万宁和三亚有天然分布，其中万宁石梅湾是我国水椰最集中分布区。生长于有淡水注入的隐蔽海湾河口淤泥质滩涂，常在红树林中后缘出现，属于演替后期树种。水椰是孑遗植物，在植物分类、地植物学及古植物学方面均有一定的研究意义。为国家Ⅲ级重点保护植物，被列入《中国生物多样性保护战略与行动计划》之"植物种优先保护名录"，被《中国植物红皮书》收录，也被列入《海南省省级重点保护野生植物名录》（2006）。

符国瑷和黎军（1999）报道三亚有水椰分布，但没有说明具体地点。2009年，海南大学杨小波教授在三亚海棠湾小龙江塘发现小面积水椰群落，该群落现已被破坏。

水椰花序　　　　　水椰花　　　　　　　　　　水椰果序

水椰苗　　　　　　　　　　　　　水椰群落

半红树植物种类介绍

水黄皮　*Pongamia pinnata*（Linn.）Merr.

豆科（Fabaceae）水黄皮属（*Pongamia*）落叶乔木。我国海南、广东、广西、香港和台湾有天然分布。《福建植物志》记载厦门同安有天然分布，有待证实。生长于溪边、塘边及海边潮汐能到达的红树林内缘。

三亚青梅港、三亚河、铁炉港和榆林港均有天然分布。

水黄皮花

水黄皮果

咸水沟边的水黄皮

水黄皮幼叶

黄槿　*Hibiscus tiliaceus* Linn.

　　锦葵科（Malvaceae）木槿属（*Hibiscus*）常绿灌木或乔木。我国广泛分布于热带及亚热带滨海地区。常见于红树林林缘及高潮线上缘的海岸沙地、堤坝或村落附近，也可以在完全不受海水影响的淡水环境中生活。树冠浓密，花大色艳，花期长，已经广泛应用于滨海城镇绿化，更是滨海地区防风、防潮和固沙的优良树种。嫩芽和花可以炒食，花瓣蘸蛋汁油炸，更是鲜美可口。

　　三亚常见，常用于园林绿化。

黄槿花

黄槿花

黄槿花

黄槿果

杨叶肖槿   *Thespesia populnea* Linn. Solander ex Corrêa

锦葵科（Malvaceae）桐棉属（*Thespesia*）常绿或半落叶乔木。我国海南、广东、广西、香港及台湾有天然分布，福建有引种。常生长于红树林内缘。

三亚榆林港、铁炉港及三亚河均有天然分布。此外，三亚某地有极度濒危的长梗肖槿（*Thespesia howii* S. Y. Hu）天然分布。此前报道此树在国内仅有 2 株，且均分布于三亚。2005 年以后一度被认为已经灭绝，2016 年初我们在三亚某地发现 4 株，开花结果情况良好。建议加强保护，并开展人工繁殖以扩大种群。

杨叶肖槿花

杨叶肖槿果

长梗肖槿叶（左）和杨叶肖槿叶（右）

长梗肖槿果

银叶树　*Heritiera littoralis* Dryand.

梧桐科（Sterculiaceae）银叶树属（*Heritiera*）常绿大乔木，有发达的板根。叶背密被银白色鳞秕，银叶树由此得名。我国海南、广东、广西、香港和台湾有天然分布，福建有引种。分布于少受潮汐浸淹的红树林内缘，也可以在完全不受潮汐影响的地段生长。被列入《中国生物多样性红色名录（高等植物卷）》《海南省省级重点保护野生植物名录》（2006）和《广西壮族自治区第一批重点保护野生植物名录》（2010）。全国银叶树野生植株估计不超过 7000 株。栖息地破坏是其濒危的主要原因。

三亚仅见于铁炉港，个体数量不多。

银叶树花

银叶树果

银叶树叶背银白色

银叶树板根

玉蕊 *Barringtonia racemosa*（L.）Spreng.

玉蕊科（Lecythidaceae）玉蕊属（*Barringtonia*）常绿小乔木。白色或粉红色的花丝极为醒目，花晚上开放，清晨凋谢，香气浓郁，是极佳的庭院观赏植物。我国海南、广东雷州和台湾有天然分布。生长于受潮汐影响的河流两岸或有淡水输入的红树林内缘，也可以在完全不受潮汐影响的陆地生长。被列入《中国生物多样性红色名录（高等植物卷）》，但未被列入《海南省省级重点保护野生植物名录》（2006）。近年来野生资源遭到很大破坏，栖息地破坏和盗挖是其濒危的主要因素，建议加强保护。

符国瑗和黎军（1999）报道三亚有天然分布的玉蕊。2003 年以来，我们调查了三亚可能有玉蕊分布的所有海岸，2015 年 12 月终于在铁炉港找到 14 株野生个体。

玉蕊果   玉蕊叶

玉蕊花   玉蕊植株

海檬果　*Cerbera manghas* Linn.

　　夹竹桃科（Apocynaceae）海檬果属（*Cerbera*）常绿小乔木。全株具丰富乳汁。核果阔卵形，大如鸡蛋，未成熟时绿色，成熟时橙红色（剧毒）。我国海南、广东、广西、香港和台湾有天然分布，福建有引种。喜生长于高潮线以上的滨海沙滩、海堤或近海的河流两岸及村庄边，也经常在红树林林缘出现，被认为是典型的半红树植物。海檬果是滨海地区优良的园林绿化树种。

　　三亚青梅港、三亚河、铁炉港和榆林港均有分布，常用于园林绿化。

三亚某酒店绿地的海檬果植株（1）

海檬果花

海檬果幼果

三亚某酒店绿地的海檬果植株（2）

海檬果成熟果

钝叶臭黄荆   *Premna obtusifolia* R. Br.

马鞭草科（Verbenaceae）豆腐柴属（*Premna*）攀缘状灌木或小乔木。我国海南、广东、广西、香港和台湾均有天然分布。生长于仅大潮可淹及的红树林内缘，也常在低海拔的疏林或溪沟边出现。自然条件下钝叶臭黄荆多零星分布，野外个体数量少。栖息地破坏如鱼塘、虾池和道路建设等是其濒危的主要因素。

三亚青梅港、铁炉港和榆林港均有天然分布，其中铁炉港青田村海边有一株钝叶臭黄荆，高5m，胸径20cm，是国内最大的个体，但长势一般。

钝叶臭黄荆花

钝叶臭黄荆果

钝叶臭黄荆未成熟果

国内最大钝叶臭黄荆个体（三亚铁炉港）

苦郎树　*Clerodendrum inerme*（Linn.）Gaertn.

马鞭草科（Verbenaceae）大青属（*Clerodendrum*）攀缘状灌木。我国海南、广东、广西、福建、香港、台湾的滨海地区均有天然分布。苦郎树是极佳的防风固沙植物，也可作海岸绿篱或堤岸绿化植物。

三亚常见。生境多样，海岸沙地、红树林内、红树林内缘、海堤、鱼塘堤岸等均可见其踪迹。

苦郎树花

苦郎树果

苦郎树肉质化叶

苦郎树水边植株

海滨猫尾木 *Dolichandrone spathacea*（L. f.）K. Schum.

紫葳科（Bignoniaceae）猫尾木属（*Dolichandrone*）常绿乔木。蒴果筒状稍扁，下垂，稍弯曲，形似猫尾，海滨猫尾木由此得名。生长于海岸大潮可到达的内滩，也可在完全不受潮汐影响的陆地生长。我国海南东海岸、广东湛江有天然分布，文昌清澜港是其集中分布区，海南东寨港、广东珠海淇澳岛有引种。被列入《海南省省级重点保护野生植物名录》（2006）。栖息地破坏是其主要致危原因。

三亚青梅港、铁炉港和榆林港有少量分布。

海滨猫尾木花

海滨猫尾木幼果

海滨猫尾木果

海滨猫尾木植株（三亚青梅港）

莲叶桐 *Hernandia nymphaeifolia*（Presl）Kubitzki

莲叶桐科（Hernandiaceae）莲叶桐属（*Hernandia*）常绿乔木。因叶形似莲叶而得名。我国海南文昌、琼海、西沙群岛和台湾南部有天然分布。目前，海南岛野生莲叶桐个体数量不超过 300 株。海南东寨港、广东深圳和广西北海有引种，但均未见开花结果。目前海南个别苗圃有少量栽培。栖息地破坏和盗伐是导致其濒危的主要原因。

2015 年 3 月，我们在三亚蜈支洲岛海边发现少量莲叶桐。

莲叶桐花　　　　　　　　莲叶桐叶　　　　　　莲叶桐果（上）与种子（下）

三亚蜈支洲岛的莲叶桐植株　　　　包于肉质总苞内的莲叶桐球形核果

阔苞菊　*Pluchea indica*（Linn.）Less.

　　菊科（Asteraceae）阔苞菊属（*Pluchea*）常绿灌木。我国海南、广东、广西、福建、香港和台湾常见。常成片生长于红树林林缘、鱼塘堤岸、水沟两侧及沙地等，是典型的半红树植物。对环境的适应性强，成片生长，具有非常独特的景观效果，是滨海地区园林绿化和防风固沙的优良植物。幼茎叶是非常可口的野菜。

　　三亚青梅港、三亚河、铁炉港和榆林港有天然分布。

阔苞菊花　　　　　　　　　　　　　　　阔苞菊果序

鱼塘边的阔苞菊

三亚引种的红树植物

无瓣海桑　*Sonneratia apetala* Buch.-Ham.

海桑科（Sonneratiaceae）海桑属（*Sonneratia*）常绿乔木，有发达的笋状呼吸根。天然分布于印度南部、孟加拉国和斯里兰卡等地。因枝条柔软下垂似柳树，有人称其为"海柳"。蘑菇状柱头是其区别于其他海桑属植物的主要分类特征。1985 年从孟加拉国引种，又名孟加拉海桑。海南、广东、广西、福建等地均有引种。

无瓣海桑是生长速度最快的红树植物种类，最快年高生长可达 4m。无瓣海桑的大规模种植已经引起生态学家的警觉，应避免在保护区引种。

三亚自 2001 年从东寨港引入，现三亚河、青梅港和铁炉港均有分布。

　　无瓣海桑花　　　　　　无瓣海桑果　　　　　　无瓣海桑笋状呼吸根

无瓣海桑林

海桑 *Sonneratia caseolaris*（Linn.）Engl.

海桑科（Sonneratiaceae）海桑属（*Sonneratia*）常绿乔木，有发达的笋状呼吸根。由于其果实形如苹果，味酸甜可食，又名苹果红树（mangrove apple）。我国仅天然分布于海南的文昌、琼海和万宁等地，海南东寨港及广东珠海、深圳、广州和湛江有引种。多生长于受淡水影响较多的入海河流两侧，为低盐河口区红树林的先锋树种，沿河可以上溯至受潮汐影响的上界，被认为是红树植物中耐盐能力最低的树种。生长速度快，耐水淹能力强，防风消浪和促淤造陆效果显著，在河道两侧种植能够形成美丽多姿的自然景观。被列入《中国生物多样性红色名录（高等植物卷）》和《海南省省级重点保护野生植物名录》（2006）。

三亚河两岸的海桑为2000年左右从海口东寨港引种。

海桑花

海桑花

海桑果

海桑林

卵叶海桑　*Sonneratia ovata* Backer

海桑科（Sonneratiaceae）海桑属（*Sonneratia*）常绿乔木，有发达的笋状呼吸根。生长于河口海湾的中高潮带的淤泥质或泥沙质滩涂。我国仅天然分布于海南文昌清澜港，海口东寨港有引种。卵叶海桑分布范围狭窄，天然更新困难，全国野生个体和人工种植个体总数不超过 100 株。根据 IUCN 的地区评估标准，卵叶海桑处于极度濒危（CR）状态。被列入《海南省省级重点保护野生植物名录》（2006）。栖息地破坏是其主要致危原因。

在三亚青梅港有一株 2001 年引种的卵叶海桑，高约 2m，开花结果正常。

卵叶海桑花蕾

卵叶海桑花

卵叶海桑果

卵叶海桑植株

拉关木 *Laguncularia racemosa* Gaertn. f.

使君子科（Combretaceae）拉关木属（*Laguncularia*）常绿乔木，又名假红树、白红树或拉贡木。有发达的指状呼吸根，隐胎生果卵形或倒卵形。天然分布于美洲东岸和非洲西岸。1999 年中国林业科学研究院热带林业研究所从墨西哥拉巴斯引种至海南东寨港。

与乡土红树植物相比，拉关木具有生长速度快、繁殖容易和适应性强的特点。实生苗 2 年就可以开花结果。其抗寒性仅次于秋茄和白骨壤，抗盐能力远高于乡土树种。适应能力强，向陆地方向可种植在潮水极少浸淹的高潮带，向海方向可生长于秋茄、桐花树分布的中低潮带。现已作为造林树种在全国大面积推广，成为我国红树林人工造林的最主要树种。拉关木引入我国后，表现出很强的竞争优势，并在各引种地快速自然扩散。这已经引起了各界对其入侵性的高度关注，应用时应慎重。

2011 年，三亚青梅港红树林大面积死亡后，拉关木作为替代物种在三亚大规模种植。青梅港和海棠湾有较大面积的拉关木人工林，铁炉港也有少量人工种植。拉关木已经在三亚大规模扩散，铁炉港内常见自然扩散的拉关木小苗；而在青梅港，拉关木人工林林缘幼苗密度高达 50 株 /m²。

拉关木果

拉关木实生苗（三亚青梅港）

拉关木人工林（三亚青梅港）

拉关木人工林（三亚海棠湾）

秋茄　*Kandelia obovata* Sheue，Liu et Yong

　　红树科（Rhizophoraceae）秋茄属（*Kandelia*）灌木或小乔木，又名水笔仔。具板状根，胎生胚轴长 20cm 左右。我国海南、广东、广西、福建、香港、澳门和台湾都有分布，浙江南部有引种。多生长于红树林中滩及中外滩，常见于白骨壤和桐花树林的内缘，属于演替中期树种。秋茄是太平洋西岸最耐寒的红树植物，也是我国亚热带海岸滩涂绿化应用最广的红树植物之一。

　　虽然秋茄是我国最耐寒的红树植物，但有研究发现秋茄怕热。史小芳（2012）比较分析了我国浙江、福建、广东和海南的秋茄生长发育情况，发现秋茄在海南儋州新英湾因高温胁迫而生长不良，推测儋州新英湾是秋茄分布的南界。

　　曾有报道认为三亚有秋茄天然分布，我们推测可能是鉴定错误。2015 年，三亚市林业科学研究院在铁炉港红树林苗圃引种了一些秋茄。因此，本书将其收录。

秋茄花　　　　　　　　　　　　　　秋茄果

秋茄胚轴　　　　　　　　秋茄板状根　　　　　　　　秋茄植株

其他伴生植物

三亚红树林伴生植物种类较多，本书收录几种代表性植物。

水蕨 *Ceratopteris thalictroides*（Linn.）Brongn.

水蕨科（Pteridaceae）水蕨属（*Ceratopteris*）一年生挺水草本。我国海南、广东、广西、福建、江苏、浙江、香港和台湾均有分布。常生长于池塘、水沟或水田中。国家Ⅱ级重点保护植物，被列入《海南省省级重点保护野生植物名录》（2006）。水蕨叶片肥厚多汁，其幼嫩的营养叶口感鲜嫩柔滑，有望开发为野菜。

三亚青梅港和铁炉港均有少量分布，多生长于红树林陆侧有淡水输入的积水洼地。

 水蕨营养叶　　 水蕨孢子叶　　　　　　水蕨苗

红树林林缘的水蕨群落　　　　　　　　水蕨植株

球兰　*Hoya* spp.

　　萝藦科（Asclepiadaceae）球兰属（*Hoya*）攀缘状附生灌木，常附生于树上或石头上。海南常见，但附生于红树植物不多见。球兰叶色光亮，枝蔓柔韧，可塑性强，花朵成簇盛开，极耐观赏，是优良的室内栽培植物和园林绿化植物。

　　在三亚铁炉港，榄李、红榄李、木果楝、木榄等树干均有大量球兰附生，成为独特的景观。

球兰花　　　　　　　球兰果　　　　　　球兰果开裂

榄李古树上的球兰叶　　　榄李古树上的球兰　　　海莲古树上的球兰

南方碱蓬　*Suaeda australis*（R. Br.）Moq.

藜科（Chenopodiaceae）碱蓬属（*Suaeda*）多年生小灌木，叶厚肉质。我国江苏以南海岸常见。滨海特有植物，也是盐碱土指示植物，常见于潮水可淹及的中潮带与高潮带泥沙地和淤泥质滩涂，经常出现于红树林林缘，也可以在海岸沙地生长。适应性广，易栽培，叶片黄酮类化合物含量较高，具较强药用价值，叶可食用与饲用，富含多种营养成分，被认为是海洋农业的作物化植物资源。

三亚青梅港、铁炉港和榆林港均有分布，铁炉港常见。

南方碱蓬肉质化叶片　　　　　　　　　南方碱蓬花序

生长于珊瑚碎屑上的南方碱蓬　　　　潮间带的南方碱蓬群落（三亚铁炉港）

鱼藤 *Derris trifoliata* Lour.

豆科（Fabaceae）鱼藤属（*Derris*）常绿攀缘藤本，又名三叶鱼藤、毒鱼藤。我国福建以南常见。常见于潮水能到达的淤泥质滩涂或泥沙质滩涂，也可以在海岸沙地灌丛和海岸林见到其踪迹。鱼藤是我国红树林常见的伴生植物，常在红树林林缘大量生长，缠绕于红树植物树冠，严重影响红树植物的生长发育。海南、广东、广西和福建均有鱼藤危害红树林的情况发生。

鱼藤是优良的植物性杀虫剂，其根系提取物鱼藤酮，具有广谱杀虫效果，对昆虫及鱼的毒性很强，而对哺乳动物的毒性则很弱，被认为是三大植物性农药之一，更是世界公认的无残留杀虫剂。

三亚铁炉港、三亚河和榆林港的红树林也遭受鱼藤的危害。

鱼藤花　　　　　　鱼藤果　　　　　鱼藤危害红树林（三亚榆林港）

鱼藤危害红树林（儋州新英湾）　　　　鱼藤危害红树林（临高马袅港）

正红树——三亚红树林"代言人"

正红树 *Rhizophora apiculata* Bl.

经过综合比较分析，我们推选正红树为三亚红树林的代表种类。主要理由有以下几点。

1．具有红树植物的最典型特征

正红树是典型的胎生植物，它的种子成熟后直接在母体上萌发，突破种皮发育成长圆柱形、上端略弯曲的胚轴。胚轴发育过程中，除通过绿色表皮的光合作用积累少量能量外，大部分能量和营养来自母体。成熟胚轴长约40cm，质量30g，密度1.017g/cm³，略微低于海水密度（1.029g/cm³），这使得胚轴落地后能够随水漂浮。通过这种胎生繁殖方式，胚轴（实际上是成熟的幼苗）携带了大量的能量和营养，使幼苗生长初期能够适应海岸潮间带恶劣的环境。红树科红树植物的胎生现象是植物界最典型、最彻底的胎生繁殖方式，而正红树又是其中的典型代表。

正红树发达的支柱根

正红树另一个典型特征是其发达的支柱根。支柱根发生于树干基部或者枝条，顶部扎入土壤前称为气生根，一旦扎入土壤就发育成支柱根。红树属（*Rhizophora*）植物如红海榄、拉氏红树、美洲大红树（*Rhizophora mangle*）等均具有发达的支柱根，但正红树的支柱根是最发达的。此外，从力学角度来说，正红树的支柱根实现了支撑材料与支撑能力的完美结合——使用最少的支撑材料达到最大的支撑效果。强大的支柱根不仅赋予了正红树无与伦比的抵抗风浪的能力，更赋予了正红树群落突出的海岸防护功能。

2. 正红树林是我国热带特征最明显的红树林

正红树是嗜热窄布种，集中分布于马来西亚、印度尼西亚和澳大利亚北部等热带地区，我国仅分布于海南岛的文昌、陵水、三亚和儋州等地。它对低温非常敏感，2008 年的寒潮使得海口东寨港引种的大部分正红树死亡，文昌清澜港原生的正红树也受到一定程度的寒害。而在三亚，正红树不仅形成了高大的纯林，还是三亚红树林的绝对优势种。三亚红树林是我国分布最南和热带特征最明显的红树林，而具有典型热带特色的正红树常形成纯林而成为我国最典型的热带红树林。

沿三亚河河岸分布的正红树

3. 发育最好，生态系统服务功能最高

除三亚外，正红树在海南的文昌清澜港、陵水新村港和儋州新盈湾均有分布，但发育最好的正红树在三亚。文昌的正红树最高不超过 8m，且很少形成纯林；陵水的正红树虽然有高达 10m 以上的个体，但面积小；儋州新盈湾的正红树仅零星分布于红海榄群落中。在三亚河，正红树不仅集中成片，形成正红树纯林，且群落高度高。我们在三亚河东河部分地段实测结果表明，正红树群落最高达 12m，个别植株高达 15m，是国内红树林群落的最高纪录。此外，中国科学院南海海洋研究所的张乔民和陈永福（2003）发现，三亚河正红树群落的凋落物量达 1388g/（$m^2 \cdot a$），为我国迄今为止测得的红树林年凋落物量的最高值。红树植物的凋落物是红树林湿地动物的主要食物来源，凋落物量是表征红树林生态系统服务功能的重要指标之一。根据凋落物数据，三亚河正红树群落的生态系统服务功能国内第一。

在三亚，正红树常形成大面积纯林

4. 古老性

三亚的正红树除了长得高外，还具有古老性的特点。三亚榆林港集中了 110 余株正红树古树，最高一株胸围 140cm，高达 10m。三亚河西河有一株正红树，高 8m，有 8 个分枝，树冠覆盖面积达 100m^2，估计寿命超过 200 年，是国内树龄最大的正红树。

古老而高大的正红树

5．分布广泛性

正红树在三亚广泛分布，青梅港、三亚河、铁炉港和榆林港均有分布，历史上宁远河河口也有分布。可以说，在三亚有红树林的地方就有正红树。此外，正红树不仅是青梅港、三亚河、铁炉港和榆林港红树林的优势种，也是三亚河和榆林港红树林的绝对优势种。

6．唯一性与珍稀濒危性

正红树在我国仅分布于海南岛，集中分布于三亚和文昌清澜港，陵水新村港和儋州新盈湾有少量分布，海口东寨港有少量引种。而三亚是我国正红树最集中的分布地，正红树群落的高度、年龄、凋落物量等特征在我国是独一无二的。2006年，正红树被列入《海南省省级重点保护野生植物名录》。

第2章

红树林现状

2.1 世界红树林现状

全世界的红树林大致分布于南、北回归线之间的热带和亚热带海岸，主要分布于印度洋及西太平洋沿岸 118 个国家和地区的海岸，总面积约 1377.6 万 hm²。历史上，热带地区 75% 的海岸被红树林占据。世界上红树林面积最大的国家是印度尼西亚，其次是澳大利亚、巴西、墨西哥、尼日利亚、马来西亚等，主要的 15 个国家的红树林面积约占全球红树林总面积的 75.3%（表 2-1）。全世界面积最大的红树林位于孟加拉湾（100 万 hm²）和非洲的尼罗河三角洲（70 万 hm²）。

表 2-1　全球红树林分布的主要国家

排名	国家	红树林面积 /hm²	占全球红树林总面积百分比 /%
1	印度尼西亚	3 112 989	22.6
2	澳大利亚	977 975	7.1
3	巴西	962 683	7.0
4	墨西哥	741 917	5.4
5	尼日利亚	653 669	4.7
6	马来西亚	505 386	3.7
7	缅甸	494 584	3.6
8	巴布亚新几内亚	480 121	3.5
9	孟加拉国	436 570	3.2
10	古巴	421 538	3.1
11	印度	368 276	2.7
12	几内亚比绍	338 652	2.5

续表

排名	国家	红树林面积 /hm²	占全球红树林总面积百分比 /%
13	莫桑比克	318 851	2.3
14	马达加斯加	278 078	2.0
15	菲律宾	263 137	1.9

（数据来源：Giri *et al.*, 2011）

　　东南亚地区是世界红树林的分布中心，红树植物种类的丰富程度和发育程度远远超过其他地区。全世界有 73 种真红树植物，近 60 种分布在东南亚地区，整个美洲地区只有 13 种。从赤道向南或向北，纬度越高，红树植物种类越少，红树林高度越低。在北半球，红树林最北可分布到日本的鹿儿岛（31°22′N），在大西洋区域可分布到百慕大群岛（32°20′N）。在南半球，红树林最南可以分布到新西兰（38°59′S）和南非东海岸（32°59′S）。

印度尼西亚苏门答腊的红树林
（照片提供：施苏华）

泰国 Ranong 的红树林
（照片提供：施苏华）

孟加拉国的红树林（照片提供：刘毅）

马来西亚的红树林（照片提供：施苏华）

美国 Texas 的红树林（照片提供：张宜辉）

埃及的红树林（照片提供：施苏华）

琉球群岛石垣岛的红树林（照片提供：施苏华）

澳大利亚新南威尔士州的红树林

　　近 50 年来，世界红树林面积大幅减少，围海造地和围塘养殖是最主要原因，同时城市化、污染、极端气候等也造成大面积红树林的衰亡。近 50 年来，全世界超过 1/3 的红树林消失了。1969 年后的短短 10 年，印度尼西亚 70 万 hm² 的红树林变成了稻田和虾池，到 2000 年又有 50 万 hm² 红树林被农田所取代；菲律宾红树林面积由 1968 年的 44.8 万 hm² 锐减到 1988 年的 13.9 万 hm²；1979～1986 年，泰国红树林面积损失 38.8%，仅 1979 年一年就损失了 3.7 万 hm² 红树林；新加坡 95% 的红树林已经消失；斐济约有 3/4 的红树林变为农业用地；1920 年前加勒比海地区的红树林覆盖率达 50%，如今仅剩 15%；波多黎各 3/4 的红树林不复存在。1980 年以来，我国被占红树林面积达 12 923.7hm²，其中挖塘养殖 12 604.5hm²，占 97.5%。

　　随着社会各界对红树林生态系统功能认识的逐步深入，尤其是 2004 年印度洋海啸之后，全世界范围内掀起一股保护和恢复红树林的热潮。全世界红树林面积急剧下降的势头得到初步遏制。据初步统计，2000 年前后全世界红树林面积每年下降 1.6% 左右，现在降低为每年下降 0.5%。通过严格的保护和大规模的人工造林，一些国家如泰国和中国的红树林面积开始稳步增加。

2.2 中国红树林现状

我国红树林天然分布于海南、广东、广西、福建、浙江、台湾、香港和澳门等 8 省（自治区、特别行政区），介于海南的榆林港（18°09′N）和福建福鼎的沙埕湾（27°20′N）之间，人工引种北界是浙江乐清西门岛（28°25′N）。在中国分布最北的红树植物是秋茄。

在 20 世纪 50 年代初，我国尚有近 5 万 hm² 的红树林。经历了 60～70 年代的围海造田运动，80 年代以来的围塘养殖，以及 90 年代以来的城市化、港口码头建设和工业区的开发，中国红树林面积急剧减少。2001 年，由国家林业局组织的全国湿地调查，采用了遥感、GIS、GPS 等多种手段，调查得出中国（除港澳台地区）红树林面积为 22 024.9hm²，加上港澳台地区的 659hm²，中国红树林总面积为 22 683.9hm²，仅为 20 世纪 50 年代初的 45%（图 2-1）。

2001 年以来，中国政府高度重视红树林的保护和恢复，通过对现有红树林的严格保护和大规模的人工造林，成功遏制了红树林面积急剧下降的势头，红树林的面积逐步回升，中国成为世界上红树林面积净增加的少数国家之一。但是，由于我国红树林存在分布范围广、斑块面积小、林带狭窄等特点，传统的遥感手段无法精确测定红树林的面积，现在我国有多大面积的红树林仍存在一些争议，不同的研究得出了不同的结论，数据在 24 500～34 000hm² 变化。根据 2017 年 7 月公布的国家林业局（现为国家林业和草原局）和国家发展和改革委员会公布的《全国沿海防护林体系建设工程规划（2016—2025 年）》，我国（除港澳台地区）红树林面积为 34 100hm²（图 2-1）。保守估计，现在我国红树林面

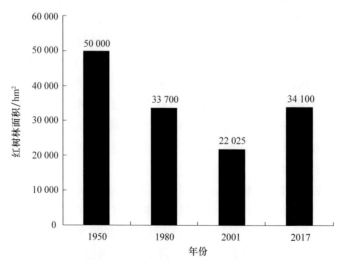

图 2-1　中国红树林面积变化（数据不包括港澳台地区）

积约 29 227hm²。

　　海南岛滩涂面积大,红树植物种类丰富、类型多样,是我国红树植物的分布中心。海南全省红树林面积 4900hm²,主要分布在东北部的东寨港和清澜港、南部的三亚港及西部的新英港等。东部沿海海岸曲折,海湾多且滩涂面积大,红树林分布广、种类多、结构复杂,其中东寨港和清澜港是海南最大的红树林分布区;广西的红树林主要分布在英罗湾、丹兜海、铁山港、钦州湾、北仑河口、珍珠湾、防城港等地,总面积 8922hm²;广东的红树林主要分布在湛江、深圳和珠海等地,总面积 14 256hm²。广东湛江红树林国家级自然保护区是我国面积最大的以红树林为主要保护对象的自然保护区,红树林面积约 7230hm²;香港的红树林主要分布在米埔、大埔汀角、西贡和大屿山岛等地,总面积 380hm²;福建的红树林主要分布在云霄漳江口、九龙江口和泉州湾,总面积 1429hm²;台湾的红树林主要分布在台北淡水河口、新竹红毛港至仙脚石海岸,总面积 278hm²;浙江没有天然红树林分布,只有人工引种的秋茄 1 种,面积 163.4hm²。

海南东寨港的海莲林

海南东方的白骨壤林

海南儋州新英港红海榄林

海南文昌头苑海莲林

广西北仑河口（照片提供：苏搏）

广西山口（照片提供：韦江玲）

广东湛江特呈岛的白骨壤古树

广东湛江徐闻

广东深圳福田

福建云霄漳江口

福建泉州湾

福建九龙江口

台湾金门的白骨壤林

台北关渡的秋茄林

中国天然分布最北的红树林（福建福鼎）

中国红树林引种北界（浙江乐清西门岛）

2.3 三亚红树林现状

三亚现有的红树林主要分布在青梅港、三亚河、铁炉港和榆林港。至于历史上三亚红树林的分布及面积，至今没有非常详细的资料。北京维邦科技有限公司利用遥感手段结合地面调查和历史资料调研，认为1987年三亚青梅港、三亚河、铁炉港和榆林港4地红树林面积分别为92hm²、244hm²、282hm²和174hm²，总面积792hm²。根据三亚的气候和自然地理条件，我们推测三亚19个大小自然港湾近海滩涂及内河浅滩都有红树林分布。三亚河东河从潮见桥到丹州小桥，三亚河西河从三亚大桥到金鸡岭铁路桥，历史上都应该有红树林分布。榆亚盐场的前身也应该是红树林。铁炉港沿岸都适合红树林生长，红树林面积超过400hm²。保守估计，历史上三亚红树林总面积在2000hm²左右。目前三亚红树林总面积74.1hm²，均为天然林（图2-2），68%的红树林分布在青梅港。

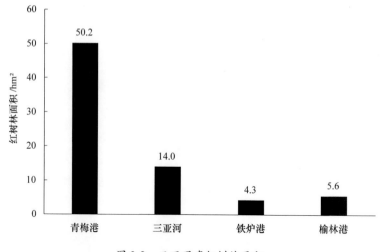

图 2-2 三亚现存红树林面积

2.3.1 三亚气象、地理及水文

三亚市位于海南岛最南端，东西长91.6km，南北宽51.0km，全市土地面积1918.8km²。三亚海岸线长209km，有滩涂25km²，10m以下的浅滩有191.3km²。主要岛屿10个，其中最大的岛是西岛。

三亚地处热带，属热带海洋季风性气候，受季风影响较大，光照充足，高温多雨，台风频繁，四季不明显，长夏无冬。年平均气温25.5℃，7月气温最高，平均28.3℃；1月气温最低，平均20.7℃，没有真正的冬季，夏去秋来，秋去春至（图2-3）。4～10月的月均气温在27℃以上，甚至在最冷的12月和1月，都曾出现过 30℃以上的极端最高气温（图 2-4）。全年日照时数约 2181.3h，太阳辐射量 130.6kcal/cm²。多年平均降雨量 1640.3mm，有明显的旱季与雨季之分，11月至翌年 4 月为旱季，降雨量仅占全年降雨量的 5%～15%；5～10 月为雨季，降雨量可达全年降雨量的 85%～95%，尤其是 8 月和 9 月，雨量集中，占全年降雨量的 34%～43%（图 2-3）。年蒸发量 2080mm，平均相对湿度 72%～90%。平均风速 3.3m/s，全年主导风向为东北风。台风是本区最大的自然灾害，每年7～10 月为台风季节。

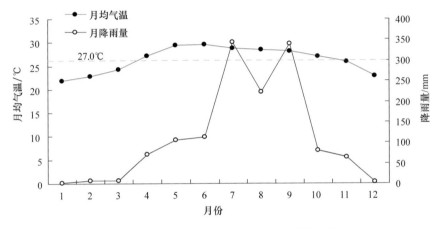

图 2-3　2006 年三亚月均气温及降雨量月变化

（数据来源：http://www.syxyhn.com/content/2006-03/2006320210142.htm）

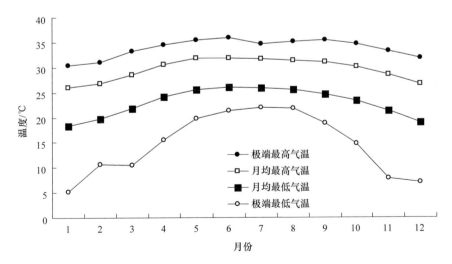

图 2-4　三亚极端最高气温、月均最高气温、月均最低气温及极端最低气温变化

（数据来源：中国气象影视信息网 http://www.weathercn.com/tqyb/detail.jsp?sta_id=59948）

本区潮汐为不正规全日潮，潮汐特征（榆林基面、港北观测站和榆林观测站）见表2-2。

表2-2 三亚潮汐特征

指标	数值	指标	数值
历年最高高潮位	1.75m	最大潮差	2.15m
历年最低低潮位	−1.41m	平均潮差	0.79m
历年平均高潮位	0.99m	最大增水值	1.67m
历年平均低潮位	0.65m	平均涨潮历时	9h25min
平均海平面	−0.28m	平均落潮历时	16h50min

1984～1989年，榆林港实验站（18°13′N，109°32′E）连续6年跟踪监测结果表明，三亚海水平均温度26.9℃，平均最低水温20℃（杜菊荣等，1993）。海水平均温度比平均气温高1.5℃左右。

三亚市地处五指山南伸余脉，北高南低，北面环山，南面临海。自东向西由黄獠岭—大恩山—云梦山连成一条横向山系，将南部沿海丘陵、台地、平原与北部的山地分开。而南部，又由自北向南的田岸后大岭—海圮岭—牙笼岭—鹿回头岭和荔枝岭—塔岭两条山系将其分成3块。全市形成北部山地、东部平原、南部平原及丘陵、西部丘陵及平原4个地块，山地、丘陵、台地和平原分别占全市土地总面积的33.4%、25.2%、18.1%和23.3%。海拔1019.1m的尖岭是三亚最高峰。基岩类型主要为中生代—古生代花岗岩，还有部分第四纪—新第三纪海积物。

以上环境条件给红树植物的生长发育创造了理想条件。历史上，三亚红树林分布的地域较广、面积较大，三亚河、榆林港、六道湾、青梅港、铁炉港、宁远河河口、藤桥河河口等地均有大面积的红树林分布。事实上，根据三亚的气候和自然地理条件，我们推测三亚19个大小自然港湾近海滩涂及内河浅滩都曾有红树林分布，红树林总面积超过2000hm²。20世纪80年代以来，围垦、城市扩张和围塘养殖等破坏了三亚大部分的红树林。目前，三亚红树林主要分布在青梅港、三亚河、铁炉港与榆林港等，此外，宁远河河口有极小面积的红树林残留（图2-5）。

2.3.2 三亚红树林的分布

1. 青梅港

三亚青梅港红树林市级自然保护区位于三亚市田独镇亚龙湾国家级旅游度假区内，西部为三亚六道湾红树林市级自然保护区，东面为亚龙湾度假酒店区域，南面与南海相连，北面到亚龙溪桥，地理坐标109°36′24.5″E～109°37′19.9″E、18°12′44.2″N～18°13′73″N。青梅港为潟湖-河口类型的港湾，北有亚龙溪注入，

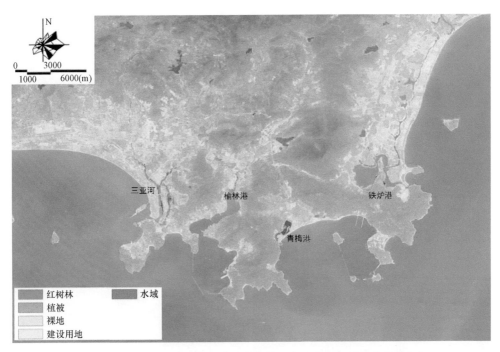

图 2-5　三亚红树林分布图（图片来源：中国城市规划设计研究院）

南侧有一沙坝，为冲积形成的河口滩涂。区内土壤主要为盐渍砂质壤土，其余为河口冲积淤泥，表土呈酸性（pH 5～6）。保护区成立于 1989 年 1 月，面积 155.7hm²，2009 年调整后面积为 92.6hm²，其中核心区 30.0hm²，缓冲区 18.1hm²，实验区 44.5hm²。保护区内有红树林 50.2hm²，其他森林和灌草丛 15.4hm²，水体和滩涂 24.6hm²，此外还有小面积的荒地等。

保护区为"湿地类型"的自然保护区，主要保护对象为红树林湿地生态系统、候鸟及其栖息地和珍稀濒危野生动植物及其栖息地。

青梅港拥有三亚地区资源最多、面积最大、生境最复杂、群落演替系列最完整的红树林。保护区的植被以红树林为主，人工林植被、灌草丛、农田和少量非红树天然林为辅。红树植物以榄李、角果木、正红树为优势种，白骨壤、木果楝、瓶花木、杯萼海桑、红海榄和海漆常见，偶见木榄和卤蕨。主要群落类型有：榄李群落、角果木群落、正红树群落等，此外，还有非常少见的以木果楝和瓶花木为优势种的红树林群落。

我们在三亚青梅港红树林市级自然保护区共发现真红树植物 15 种（其中卵叶海桑、拉关木和无瓣海桑为引种）、半红树植物 7 种。根据 2006 年 12 月公布的《海南省省级重点保护野生植物名录》，青梅港共有 10 种真红树植物、1 种半

青梅港红树林

青梅港红树林　　　　　　　　　青梅港优越的条件使得底栖动物异常丰富

红树植物被列入海南省重点保护野生植物名录。

　　保护区共记录到软体动物 2 纲 28 科 49 种，其中双壳纲 11 科 19 种、腹足纲 17 科 30 种。底栖优势种以黑螺科的斜肋齿蜷为主，树栖优势种为滨螺科的粗糙滨螺和斑肋滨螺。共记录到蟹类 6 科 10 种；鱼类 10 科 13 种，以幼鱼和小型鱼类为主，少数几种优势鱼类的数量占了总数量的绝大多数，优势种有鲻鱼、眶棘双边鱼、罗非鱼、暗缟鰕虎鱼等。

　　李仕宁等（2011）于 2003～2009 年冬季对青梅港红树林鸟类开展了连续 8 次的调查，共记录到鸟类 11 目 23 科 50 种。珍稀保护鸟类有（黑）鸢、黑翅鸢、褐耳鹰、日本松雀鹰、原鸡、褐翅鸦鹃等国家 II 级重点保护物种，省级保护动物八哥 1 种；三有保护动物 ① 有 43 种。被列入《中国濒危动物红皮书》的物种有

―――――――――

① 三有保护动物即被列入《国家保护的有益的或者有重要经济、科学研究价值的陆生野生动物名录》（简称"三有名录"）的动物

5 种，其中黑翅鸢、原鸡、褐翅鸦鹃为易危种；岩鹭、褐耳鹰为稀有种。被列入 CITES 附录的物种：附录 Ⅱ 的有（黑）鸢、黑翅鸢、褐耳鹰、日本松雀鹰 4 种；附录 Ⅲ 的有牛背鹭、白鹭 2 种。

保护区位于号称"天下第一湾""中国最美海湾"的亚龙湾国家级旅游度假区内，有四星级以上酒店 30 多家，其中五星级酒店 10 多家，年接待游客 500 万人次以上。整个保护区已经被道路和酒店包围，红树林与亚龙湾陆地森林生态系统的自然联系被完全隔断，伴随着快速城市化而来的污水和漂浮垃圾等问题对红树林造成了较大干扰。2011 年 10 月，青梅港红树林大规模死亡的直接原因就是出海通道被临时阻断，强降雨无法及时外排，红树林被洪水长时间浸淹。如何协调保护区与亚龙湾国家级旅游度假区的关系，是保护区面临的问题。

2. 三亚河

三亚河红树林市级自然保护区位于三亚河下游。三亚河发源于三亚市和保亭黎族苗族自治县交界的中间岭右侧高山南麓，干流长度为 31.3km，集雨面积 337.02km^2，年径流量 9 亿 m^3。流经三亚市区时三亚河分成东河和西河，最后汇合成一个入海口经三亚港流入三亚湾。三亚河河滩多为深厚的河口冲积淤泥，少数地区为盐渍砂土，土壤微酸性（pH 5.0～6.0），有机质含量高。

保护区始建于 1989 年 1 月，面积 475.8hm^2，红树林面积 14.0hm^2，2000 年移交三亚市红树林保护站，隶属市林业局。保护区于 2000 年 3 月又将三亚河划为黄嘴白鹭等鸟类自然保护区。2006 年，三亚市政府调整三亚河红树林市级自然保护区的界线范围，将金鸡岭以西北于铁路桥三亚河红树林保护区范围划出 132hm^2，三亚河红树林市级自然保护区现实际总面积为 343.83hm^2，其中红树林 14.0hm^2。2007 年，三亚市政府在三亚河中下游建设了红树林公园。

保护区为湿地类型的自然保护区，主要保护对象是红树林及湿地生态系统和候鸟及其栖息地。红树林沿三亚河河岸分布，属于典型的河岸红树林。保护区有真红树植物 16 种（包括引种的海桑和无瓣海桑）、半红树植物 6 种，其中有 11 种被列入《海南省省级重点保护野生植物名录》（2006）。此外，还有全国仅剩 2 株的海南省省级重点保护植物长梗肖槿。

红树林以正红树、白骨壤和无瓣海桑为优势种，海桑、木果楝、杯萼海桑和海漆常见，偶见木榄、榄李、红海榄和卤蕨。早期有记录的尖叶卤蕨已经灭绝。主要群落类型有正红树群落和白骨壤群落。此外，引种的海桑和无瓣海桑呈现出良好的适应性，群落高度超过 10m。

三亚河由于水体污染，红树林底栖动物和鱼类种类相对较少。2008 年，我们对三亚河东河和西河的红树林软体动物进行了定性调查，林内覆盖大量生活垃圾，未见任何软体动物活体，仅在林外滩涂发现了个别耐污种。2010 年以来，

三亚河红树林景观

三亚有关方面加大了三亚河污染治理力度，三亚河水质得到了一定改善。2015年，我们在三亚河采集到软体动物8种、蟹类9种、鱼类28种。

虽然红树林总面积不大，但带状分布于三亚河两岸，形成了十分优美的沿河"景观带"，这一景观在全国乃至全世界热带旅游城市均属罕见，是三亚市最重要的城市景观，具有十分重要的保护和开发利用价值。但是，也正是由于分布于中心城区，受到人为干扰活动也最为严重。漂浮垃圾和污水排放是迫切需要解决的问题，此外不加控制的城市夜景工程对鸟类的栖息造成了严重干扰，红树林处于亚健康状态，急需加强保护和管理。

3. 铁炉港

铁炉港位于三亚海棠湾南侧，是由沙堤 - 潟湖 - 潮汐通道地貌体系组成的海岸。铁炉港是典型的潟湖港湾，水域面积7.46km²，岸线长22.14km，以薄尾岭为界，薄尾岭以西为潟湖，水面开阔，水深约1.5m；薄尾岭以东为潟湖潮汐通道，宽150m左右，水深5.5m，最深处约9m。港湾水体盐度维持在28‰~30‰。港湾内多珊瑚屑、贝壳屑、砾石、粗砂、中砂、细砂等，淤泥质滩涂面积极小。土壤类型主要有滨海风沙土、水稻土和滨海盐土。

铁炉港红树林市级自然保护区于1999年经三亚市政府〔1999〕176号文批准成立，总面积292hm²，其中红树林4.3hm²，成立时没有划分核心区、缓冲区和实验区（图2-6）。保护区属湿地生态系统类型自然保护区，主要保护对象为红树林湿地生态系统及其生物多样性，尤其是以红榄李、木果楝、海莲等为代表的重点保护珍稀濒危红树植物及其自然生境。

铁炉港共有红树植物28种（其中真红树植物18种、半红树植物10种），其中天然分布红树植物26种，引种2种（拉关木和无瓣海桑）。面积仅4.3hm²的红树林，蕴藏如此丰富的红树植物种类，在国内其他地区是绝无仅有的。此外，

图 2-6　铁炉港红树林市级自然保护区范围（此图为林业部门勘定的保护区大致范围，没有明确的坐标点，六角星区域为天然红树林分布区）

铁炉港的榄李古树林

铁炉港的红树林一角

该区也是国内红榄李、榄李、海莲、瓶花木、木果楝等树种最大个体分布区。铁炉港红树林的古老性是我国乃至全世界少有的，这也是铁炉港红树林自然保护区的精华所在。

铁炉港红树林湿地生态系统为三亚乃至海南岛南部为数不多的潟湖 - 河口和红树林沼泽湿地类型。该区域内分布有许多珍稀濒危野生动植物物种，是许多重要水鸟的良好觅食地和越冬地。2015 年 12 月，我们的调查结果表明，铁炉港红树林自然保护区有植物 221 种，昆虫 186 种，软体动物 50 种，蟹类 11种，鱼类 26 种，两栖、爬行及哺乳动物 29 种，鸟类 50 种。这些动植物中，有国家Ⅱ级重点保护植物 3 种［红榄李、水蕨、美冠兰（*Eulophia graminea*）］，国家Ⅱ级重点保护鸟类 4 种，海南省省级重点保护野生植物 16 种、动物 9 种，CITES 附录Ⅱ鸟类 2 种，中日候鸟保护协定鸟类 17 种，列入国家"三有名录"的昆虫 4 种。

铁炉港红树林市级自然保护区位于海棠湾滨海旅游度假区内。一些人为活动已经对红树林造成严重影响，红树林的状况不容乐观。铁炉港周边的自然海岸已经基本消失，22.14km 海岸线中，自然海岸线仅 2.36km，近 90% 的海岸线是人工海岸线，其中鱼塘是主体。2009～2010 年，铁炉港红树林林外滩涂被挖出很多鱼塘，一些白骨壤古树遭到破坏。虽然后来相关部门制止了这种违法行为，但对红树林已经造成了不可挽回的伤害。2011 年，位于铁炉港的国内最大海莲古树明显长势不良；2015 年 3 月，我们发现铁炉港唯一、国内最大的瓶花木古树死亡，同时发现 9 株红榄李古树不仅长势一般，且树干出现真菌子实体。此外，大量的漂浮垃圾对红树林苗木更新和树干基部的机械伤害不容忽视。

此外，铁炉港所在的海棠湾将面临新一轮的旅游开发，铁炉港的海域使用功能已经由养殖区改为"滨海旅游度假区"。因此，迫切需要做好铁炉港红树林市级自然保护区的规划工作。

4．榆林港

榆林港红树林位于吉阳镇榆林湾。大茅水自北向南经榆林湾注入南海，红树林位于河流出海口的两侧。根据地形地貌、水体盐度、土壤及残留的红树植物等，结合走访当地居民，我们推测现有鱼塘和盐田所在地曾经是茂密的红树林。历史上榆林港红树林面积在 320hm² 左右。根据中国城市规划设计研究院 2016 年编制的《三亚市红树林生态保护与修复规划（2015—2025）》，1987 年榆林河区域红树林面积 174hm²。现存红树林主要分布于榆林河主河道沿岸，此外榆林河两侧鱼塘盐田周边有少量红树植物。利用手持 GPS 结合遥感图片判读，榆林河主河道沿岸红树林面积 4.8hm²，外加其他支流河道约 0.8hm²，共约 5.6hm²。榆林港 90% 以上的红树林已经消失。

除红树林外，榆林港区域还有大面积的盐田，它们与红树林、河道、鱼塘及海湾共同构成了三亚独一无二的海岸景观，为各种动物的栖息、觅食与繁殖创造了理想空间。

三亚榆林港的盐田　　　　　　　　　珊瑚礁上的榄李和海漆苗

根据我们 2008 年的全区域调查，榆林港区域有真红树植物 12 种、半红树植物 8 种，其中有 9 种被列入《海南省省级重点保护野生植物名录》（2006）。红树林群落的优势种有正红树、白骨壤和木果楝，木榄、榄李常见，杯萼海桑、角果木、瓶花木偶见，小花老鼠簕已经灭绝。本区域正红树发育良好，植株高大，高 8～10m。榆林港集中了 233 棵红树古树，其中有全国最大的木果楝，全国最高的正红树，古树密度全国罕见。此区域有正红树 112 棵、木果楝 99 棵、白骨壤 15 棵、木榄 7 棵。

2015 年，我们在榆林港共调查到软体动物 74 种、鸟类 117 种［以雀形目

三亚榆林河河岸的木果楝林

（29 种）和鸽形目（27 种）最多]。这些鸟类中有珍稀保护鸟类 17 种，国家Ⅱ级重点保护鸟类 14 种，被列入《中国濒危动物红皮书》的有 10 种，被列入 CITES 附录的有 31 种。

根据中国城市规划设计研究院 2016 年编制的《三亚市红树林生态保护与修复规划（2015—2025）》，拟在榆林河出海口区域建设兼具红树林保护与旅游开发功能的总面积达 236hm² 的榆林河国家城市湿地公园。

第 3 章

三亚红树林之最

　　三亚的红树林主要分布于三亚市区的三亚河、榆林港、青梅港和铁炉港，前两者属于河岸林，而后两者为典型的潟湖红树林。由于水热条件优越，三亚红树林不仅植物种类丰富、发育好，还有众多的大树、古树。此外，随着三亚城市建设的逐步推进，继三亚河之后，亚龙湾的青梅港周边和榆林河两岸均进行了不同规模的城市建设，使得三亚河、青梅港和榆林港的红树林成为真正意义上的城市红树林。与国内其他地区的红树林相比，三亚的红树林独具一格。

3.1　红树植物种类最丰富

　　以极低的植物多样性支撑极高的动物多样性是红树林区别于陆地森林的主要特征。同纬度单位面积陆地森林植物种类数比红树林多 25～100 倍。全世界现存红树林面积约 1800 万 hm^2，但真红树植物种类只有 73 种（包括变种和杂交种）。截至 2015 年，我国红树林总面积为 2.5 万 hm^2，但原生的真红树植物有 25 种，超过世界真红树植物种类的 1/3，属于红树植物种类特别丰富的地区。

　　经过长时间、大范围的实地调查和文献调研，确定三亚原生真红树植物 20 种（其中拉氏红树、水椰、尖叶卤蕨和小花老鼠簕已经灭绝）（表 1-1，表 3-1）。三亚铁炉港红树林总面积不到 $5hm^2$，却有真红树植物 16 种，占三亚真红树植物种类数的 80%。铁炉港真红树植物种类数超过我国红树林自然保护区的龙头老大——海南东寨港国家级自然保护区，远多于国内其他国家级红树林自然保护区，仅次于文昌清澜港省级自然保护区。面积不到 $5hm^2$ 的红树林，蕴藏如此丰富的红树植物种类，在国内其他地区是绝无仅有的。三亚地区天然分布的红树植物和半红树植物种类超过了广东、广西、福建、香港、澳门和台湾的总和，这充分说明了三亚红树林的物种多样性。三亚的半红树植物种类也很丰富（表 3-1）。三亚属于红树植物种类特别丰富的地区，被称为中国红树植物的天然植物园。

表 3-1　三亚与海南其他红树林分布区红树植物种类比较[*]

类群	种名	三亚				海南其他地区	
		青梅港	铁炉港	三亚河	榆林港	东寨港	清澜港
真红树植物	卤蕨 *Acrostichum aureum*	√	√	√	√		√
	尖叶卤蕨 *A. speciosum*			√			√
	木果楝 *Xylocarpus granatum*	√	√	√	√		√
	海漆 *Excoecaria agallocha*	√	√	√	√		√
	水芫花 *Pemphis acidula*						√
	杯萼海桑 *Sonneratia alba*	√	√	√	√		√
	海桑 *S. caseolaris*						√
	海南海桑 *S. × hainanensis*						√
	卵叶海桑 *S. ovata*						√
	拟海桑 *S. ×gulngai*						√
	木榄 *Bruguiera gymnorhiza*	√	√	√	√	√	√
	海莲 *B. sexangula*		√			√	√
	尖瓣海莲 *B. s.* var. *rhynochopetala*		√				√
	角果木 *Ceriops tagal*	√	√	√	√		√
	秋茄 *Kandelia obovata*						√
	正红树 *Rhizophora apiculata*	√	√	√	√		√
	拉氏红树 *R. × lamarckii*	√					√
	红海榄 *R. stylosa*	√	√	√	√	√	√
	红榄李 *Lumnitzera littorea*		√				√
	榄李 *L. racemosa*	√	√	√	√	√	√
	桐花树 *Aegiceras corniculatum*	√	√	√	√	√	√
	白骨壤 *Avicennia marina*	√	√	√	√	√	√
	小花老鼠簕 *Acanthus ebracteatus*			√		√	√
	老鼠簕 *A. ilicifolius*	√	√	√	√	√	√
	瓶花木 *Scyphiphora hydrophyllacea*	√					√
	水椰 *Nypa fruticans*			√			√
	合计	13	16	14	12	14	25
半红树植物	莲叶桐[**] *Hernandia nymphaeifolia*						√
	水黄皮 *Pongamia pinnata*	√	√	√	√		√
	黄槿 *Hibiscus tiliaceus*	√	√	√	√	√	√
	杨叶肖槿 *Thespesia populnea*		√	√	√	√	√

类群	种名	三亚				海南其他地区	
		青梅港	铁炉港	三亚河	榆林港	东寨港	清澜港
半红树植物	银叶树 *Heritiera littoralis*		√			√	√
	玉蕊 *Barringtonia racemosa*		√			√	√
	海檬果 *Cerbera manghas*	√	√	√	√	√	√
	苦郎树 *Clerodendrum inerme*	√	√	√	√	√	√
	钝叶臭黄荆 *Premna obtusifolia*	√	√	√	√	√	√
	海滨猫尾木 *Dolichandrone spathacea*	√	√	√	√	√	√
	阔苞菊 *Pluchea indica*	√	√	√	√	√	√
	合计	7	10	6	8	9	11

*表示不包括引种的种类,三亚河的海桑和无瓣海桑,铁炉港的拉关木和无瓣海桑,青梅港的卵叶海桑、拉关木和无瓣海桑为引种种类

**表示三亚的莲叶桐仅分布于蜈支洲岛

3.2 中国最具热带特色的红树林

中国的红树林位于世界红树林分布区的北缘,具有种类少、结构层次简单、群落类型单一和林冠低矮的特点。虽然中国有真红树植物 25 种,但大部分分布于海南岛,广东、广西、福建、台湾和香港的真红树植物种类很少,如福建、广东和广西的真红树植物种类分别只有 7 种、12 种和 11 种,大部分地点只能看到秋茄、白骨壤、桐花树、木榄、老鼠簕、卤蕨和海漆等少数几种红树植物。国家林业局 2001 年组织了一次全国红树林资源普查,结果发现 94% 以上的红树林高度不超过 4m,高度低于 2m 的红树林占 68.8%,与印度尼西亚、马来西亚、泰国等典型热带地区的红树林形成鲜明对比。但是,三亚的红树林却具有群落结构复杂、种类丰富和植株高大的特点。三亚红树林不仅是一个天然的红树植物园,除红榄李外,嗜热窄布种如木果楝、正红树、杯萼海桑等在三亚广泛分布,且全国最高的榄李、木果楝、正红树、海莲等均分布于三亚。热带红树林的典型代表——正红树不仅可形成高大的纯林,还是三亚红树林的绝对优势种。因此,三亚红树林是我国分布最南和热带特征最明显的红树林。

3.3 珍稀濒危植物分布最集中

根据 IUCN 的地区评估标准,三亚红树林区的真红树植物有极度濒危种

马来西亚的红树林（照片提供：施苏华）

孟加拉国的木榄林（照片提供：刘毅）

澳大利亚昆士兰州的红树林

泰国 Narong 的红树林（照片提供：施苏华）

（CR）3 种、濒危种（EN）3 种、易危种（VU）4 种、近危种（NT）1 种。此外，三亚地区还有珍稀濒危半红树植物 5 种（EN 等级 2 种，VU 等级 3 种）。伴生种水蕨为国家 II 级重点保护植物，而我国仅有 4 株长梗肖槿，且都在三亚，处于极度濒危（CR）状态。综上，三亚红树林内有珍稀濒危植物 17 种（表 3-2）。

2006 年 12 月，海南省人民政府公布了《海南省省级重点保护野生植物名录》（琼府〔2006〕78 号），根据该名录，三亚红树林区有海南省省级重点保护野生植物 23 种（表 3-2）。若加上在铁炉港潟湖沙坝发现的兰科植物美冠兰，三亚红树林区有海南省省级重点保护野生植物 24 种。

三亚有珍稀濒危红树植物 11 种，占三亚红树植物总数的 48%，这一数字远远高于我国高等植物的平均水平（15%～20%）。由此可见，三亚红树林是我国珍稀濒危植物特别丰富的地区。

就三亚红树林现有植物种类而言，拉氏红树、水椰、小花老鼠簕和尖叶卤蕨已灭绝，红榄李和长梗肖槿极度濒危，三亚大部分珍稀濒危植物生存现状良好。

然而，值得注意的是，根据 IUCN 的地区评估标准，钝叶臭黄荆和莲叶桐在我国的生存现状不容乐观，分别达到了易危（VU）和濒危（EN）的等级。在三亚，钝叶臭黄荆仅在铁炉港和青梅港有天然分布，而莲叶桐仅分布于蜈支洲岛，但它们未得到国家级相关政策法规的保护，建议加强保护。

表 3-2　三亚红树林珍稀濒危植物

类群	种名	A	B	C	D	E	F	G
真红树植物	卤蕨 *Acrostichum aureum*					√		LC
	尖叶卤蕨 *A. speciosum*					√		EN
	木果楝 *Xylocarpus granatum*				√			VU
	海漆 *Excoecaria agallocha*							LC
	杯萼海桑 *Sonneratia alba*		√			√		LC
	海桑 *S. caseolaris*					√		LC
	卵叶海桑 *S. ovata*					√		CR
	木榄 *Bruguiera gymnorhiza*					√		LC
	海莲 *B. sexangula*					√		NT
	尖瓣海莲 *B. s.* var. *rhynochopetala*					√		VU
	角果木 *Ceriops tagal*					√		LC
	秋茄 *Kandelia obovata*					√		LC
	正红树 *Rhizophora apiculata*					√		VU
	拉氏红树 *R.* × *lamarckii*					√		CR
	红海榄 *R. stylosa*					√		LC
	红榄李 *Lumnitzera littorea*	II	√	√	√	√	√	CR
	榄李 *L. racemosa*					√		LC
	桐花树 *Aegiceras corniculatum*							LC
	白骨壤 *Avicennia marina*							LC
	小花老鼠簕 *Acanthus ebracteatus*					√		EN
	老鼠簕 *A. ilicifolius*					√		LC
	瓶花木 *Scyphiphora hydrophyllacea*					√		EN
	水椰 *Nypa fruticans*	III	√	√		√		VU
半红树植物	莲叶桐 *Hernandia nymphaeifolia*							EN
	水黄皮 *Pongamia pinnata*							LC
	黄槿 *Hibiscus tiliaceus*							LC
	杨叶肖槿 *Thespesia populnea*							LC

续表

类群	种名	A	B	C	D	E	F	G
半红树植物	银叶树 *Heritiera littoralis*		√			√		VU
	玉蕊 *Barringtonia racemosa*		√					VU
	海檬果 *Cerbera manghas*							LC
	苦郎树 *Clerodendrum inerme*							LC
	钝叶臭黄荆 *Premna obtusifolia*							VU
	海滨猫尾木 *Dolichandrone spathacea*					√		EN
	阔苞菊 *Pluchea indica*							LC
	长梗肖槿 *Thespesia howii*					√		CR
	水蕨 *Ceratopteris thalictroides*	II				√		LC

注：A. 国家保护级别；B.《中国生物多样性红色名录（高等植物卷）》；C.《中国植物红皮书》；D.《中国物种红色名录》；E.《海南省省级重点保护野生植物名录》（2006）；F. 极小种群；G. IUCN 等级：LC. 无危；NT. 近危；VU. 易危；EN. 濒危；CR. 极度濒危

*表示引种

3.4 最古老、最高大的红树林

我国的红树林地处世界红树林分布北缘，在高度、大小等方面与东南亚热带国家无法相比。但是，作为我国最具热带特色的古老红树林，与国内其他红树林相比，三亚的红树林具有古树种类多、密度高和植株高大的特点。

根据我们 2008 年的调查，在榆林河两岸总面积仅 5.6hm² 的红树林中，分布有百年以上的红树植物古树 233 株，其中白骨壤 14 株、木果楝 100 株、木榄 7 株、正红树 112 株，密度达 42 株/hm²。铁炉港红树林面积仅 4.3hm²，但是全国最大的榄李、红榄李、瓶花木、海莲均分布于此（表 3-3）。三亚河的正红树群落高达 14m，是中国境内最高的乡土红树林群落。

表 3-3　中国红树植物古树之最

种名	地点	胸围/cm	高度/m	长势
木果楝 *Xylocarpus granatum*	三亚榆林港	350*	6	良好
海漆 *Excoecaria agallocha*	台湾嘉义县布袋镇	470	8	良好
海南海桑 *Sonneratia × hainanensis*	文昌青澜港	275	12	良好
拟海桑 *S. × gulngai*	文昌青澜港	522*	13	良好
木榄 *Bruguiera gymnorhiza*	三亚铁炉港	174	4	良好

续表

种名	地点	胸围/cm	高度/m	长势
木榄 *B. gymnorhiza*	三亚榆林港	180	9	良好
木榄 *B. gymnorhiza*	文昌会文	240*	7	良好
海莲 *B. sexangula*	三亚铁炉港	370*	11	良好
正红树 *Rhizophora apiculata*	三亚榆林港	140	10	良好
红榄李 *Lumnitzera littorea*	三亚铁炉港	125	8	良好
榄李 *L. racemosa*	三亚铁炉港	149	7	较好
白骨壤 *Avicennia marina*	文昌清澜港	140	8	良好
白骨壤 *A. marina*	湛江特呈岛	245	2.7	良好
瓶花木 *Scyphiphora hydrophyllacea*	三亚铁炉港	40*	3	死亡
莲叶桐 *Hernandia nymphaeifolia*	文昌会文镇	200	7	台风刮倒，生长不良
银叶树 *Heritiera littoralis*	深圳葵冲盐灶	450	20	良好
水芫花 *Pemphis acidula*	文昌会文镇	25	4	良好
海滨猫尾木 *Dolichandrone spathacea*	文昌青澜港	208	10	良好

*表示基围

木榄古树（三亚铁炉港）

国内最大的瓶花木（三亚铁炉港）

国内最大的红榄李（三亚铁炉港）

国内最大的木果楝（三亚榆林港）

木果楝树桩（三亚铁炉港）

白骨壤古树（三亚铁炉港）

榄李古树（三亚铁炉港）

国内最大的海莲古树（三亚铁炉港）

3.5　最典型、最美的城市红树林

　　红树林由于其特殊的生态、教育和旅游价值，近年来，我国各地城市周边的红树林纷纷被纳入城市绿地系统，红树林湿地公园、城市红树林的概念逐渐被公众接受。广西防城港东湾拥有近 230hm² 连片原生红树林，被认为是全国最大的城市红树林，防城港也有了"红树林的城市"之称。广东深圳城市周边有面积近 100hm² 的天然红树林，深圳也有了"红树林之城"的称呼。红树植物所具有的坚韧不拔、自强不息、蓬勃向上的精神与深圳精神内涵相吻合，2007 年 1 月，红树林被推选为深圳的第二市树，红树林海滨公园也成为游客到深圳的必游之地。福建泉州为打造城市红树林景观，2002 年起在泉州湾种植红树林 300 多公顷。此外，福建厦门，广东汕头、珠海和湛江，以及广西钦州和防城港都有建设城市红树林或红树林湿地公园的计划。

深圳城市红树林（深圳福田）

广西防城港城市红树林（防城港东湾）　　　福建泉州城市红树林与洛阳桥

三亚城市红树林主要分布于三亚河沿岸和榆林河沿岸，为窄条带状盐田护堤林和河岸林。前者位于穿越三亚市区注入三亚湾湾顶的三亚河下游沿岸，总面积 14.0hm²；后者位于榆林河，面积 5.6hm²。根据修编的三亚市总体规划，市区总体布局为"两轴五个功能区"，其中的"河东、河西"区为三亚城市中心城区，"田独、红沙区"功能定位为环绕榆林湾建设的滨海居住区、旅游度假区。三亚河和榆林河沿岸的红树林分别位于这两大功能区，是真正的城市红树林。近年来，随着亚龙湾城市建设的逐步完善，青梅港红树林也已经成为典型的城市红树林。

与国内其他城市红树林（尤其是深圳福田和广西防城港）相比，三亚城市红树林具有其独特性。

海南三亚城市红树林的红树植物种类远远多于深圳福田和广西防城港（表 3-4）。三亚城市红树林绝对优势种——正红树高大的支柱根和显胎生繁殖方式充分展示了红树植物的特点，是最能体现红树林特色的植物。而深圳缺乏具有

中国最典型的城市红树林（三亚河）

中国最典型的城市红树林（三亚榆林港）

中国最典型的城市红树林（三亚青梅港）

支柱根的红树植物种类，广西防城港东湾最后 1 株具有支柱根的红海榄在 2008 年春季被冻死。

三亚城市红树林的发育程度远非深圳福田和广西防城港东湾可比。三亚河红树植物高度在 5m 以上，最高 14m，而深圳福田的红树植物高度在 4m 左右，广西防城港则更低，不超过 2m。三亚的红树植物有不少是百年以上的古树，榆林河河岸集中了 300 多棵红树植物古树，其中有全国最大的木果棟和全国最高的正红树群落（表 3-3，表 3-4）。深圳福田红树林没有一棵古树，广西防城港东湾也仅有几棵银叶树古树。

表 3-4　深圳福田、广西防城港和海南三亚城市红树林比较

项目	深圳福田	广西防城港	海南三亚
红树植物种类数	8	10	19
优势种	秋茄、白骨壤	白骨壤	正红树、榄李和角果木
群落高度 /m	4～5	1.5～2.0	8～10
林带宽度 /m	50～200	500	20（最宽也只有 60m）
古树	无	个别	大量古树
面积 /hm²	110	230	50
病虫害	经常发生	经常发生	少见
红树林类型	海湾型	海湾型	河岸林、潟湖红树林
污染	重度污染	基本无污染	中度污染
保护状况	国家级保护区	无	市级保护区（榆林港还没有建立保护区）

三亚城市红树林所有的红树植物生长正常，未见明显的病虫害，种群更新良好，而深圳福田和广西防城港红树林虫害问题突出。2008 年初的寒潮对深圳福

生机勃勃的三亚河红树林

田和广西防城港的红树植物造成了严重危害。

三亚城市红树林的红树植物物种多样性、古老性、典型性及健康的外表，赋予了其无可比拟的景观价值，使其成为国内最漂亮的城市红树林。

幽静的城市红树林（三亚河）

深圳城市红树林位于城市边缘，虽然建设了大量科普教育设施（包括拟建的中国红树林国家博物馆），但由于地处边境，市民及游客亲密接触红树林的机会不多；广西防城港城市红树林主要分布于防城港东湾，也位于城市周边，目前还没有任何相关的设施。而在三亚，由于大量辅助设施的修建，市民和游客可以近距离观察红树植物。三亚河两侧成为市民和游客良好的观光、休憩场所。

三亚河的红树林与三亚标志性建筑"美丽之冠"相映成趣，有人说世界小姐是从红树林中选出来的。网络上有一段赞美"美丽之冠"的文字，略作修改。

徜徉在美丽之冠长廊，看白鹭在红树林间穿梭飞翔，五彩的游艇在碧波中荡漾；登上游艇，游弋于三亚河，海风徐徐，成群的鲻鱼在清可见底的水中嬉戏，不时有跳跳鱼从露出水面的白骨壤枝丛中跃出，翠绿的红树林枝头白鹭点点；猛一抬头，红树林树冠上的两岸城市已经灯火阑珊，感叹自然与现代竟然能如此接近！归来在岸边凉亭小憩，舒缓的音乐，一杯红酒或一壶清茶，但愿时光不再流逝。三亚真好！

相对于国内其他城市红树林，海南三亚三亚河和榆林港的红树林是我国发育最好、最高大、最古老、最漂亮、最典型、最亲近市民的真正的城市红树林。

三亚城市红树林为最亲近市民的红树林

"美丽之冠"与红树林

第 **4** 章

三亚红树林软体动物

清晨叶尖的蜗牛，雨后石头缝里的蛞蝓，退潮时孩子们满心欢喜捡回来的贝壳，还有喧哗夜市上烤得吱吱作响的鱿鱼，这些都是生活中常见的软体动物。软体动物门是动物界中仅次于节肢动物的第二大门，因这类动物大多数具有一个石灰质的贝壳，故又称"贝类"。软体动物种类繁多，据不完全统计，世界上软体动物有 10 余万种，其中一半生活在海洋。根据它们身体构造的不同，可分为 8 个纲，即新月贝纲（Neomeniomorpha）、毛皮贝纲（Chaetodermomorpha）、多板纲（Polyplacophora）、单板纲（Monoplacophora）、腹足纲（Gastropoda）、掘足纲（Scaphopoda）、双壳纲（Bivalvia）和头足纲（Cephalopoda）。其中新月贝纲与毛皮贝纲在中国仅各发现 1 种。多板纲较为原始，背部多椭圆形，有覆瓦状排列的 8 块壳片，常固着于潮间带岩石表面。单板纲在中国海域尚未有报道。腹足纲种类较多，约有 88 000 种，种类之多仅次于昆虫纲，为动物界的第二大纲，我们平时常见的田螺、蜗牛、蛞蝓等都属于腹足纲。掘足纲的动物贝壳呈管状，稍弓曲，似象牙。双壳纲有左、右两壳，鳃通常呈瓣状，故又名瓣鳃纲（Lamellibranchia），世界记录约 1.5 万种，牡蛎、河蚌与文蛤等都属于双壳纲。头足纲的足特化为腕，环列于头前和口周，现生种 600 多种，鹦鹉螺、章鱼和乌贼等都属于头足纲。

4.1 红树林软体动物生态功能及生活习性

走进红树林，你会发现软体动物随处可见：叶片或枝条上的黑口滨螺（*Littoraria melanostoma*），树干基部的红树拟蟹守螺，树干基部或呼吸根表面营固着生活的牡蛎，以及在地上爬行的珠带拟蟹守螺和纵带滩栖螺；如果往泥土里挖，你可能还会发现红树蚬、文蛤等。软体动物无论是物种数、栖息密度还是生

石鳖——多板纲软体动物

斑肋滨螺——红树林区常见的腹足纲软体动物

海南坚螺——中国特有的陆生螺类

变化短齿蛤——双壳纲软体动物

物量，都是红树林大型底栖动物中最重要的类群之一，对红树林生态系统结构和功能的维持具有非常重要的作用。它们通过摄食、掘穴和排泄等行为，对红树林生态系统的能量流动、物质循环和信息传递起着重要作用。软体动物对环境变化十分敏感，是非常好的指示生物，研究红树林软体动物的群落结构及其变化，是认识红树林环境特点、预测红树林环境质量的重要指标。软体动物也是红树林区水鸟的主要食物来源之一。

　　红树林软体动物与人类生活有十分密切的关系，许多种类如泥螺、牡蛎、文蛤、缢蛏、泥蚶、红树蚬、贻贝、波纹巴非蛤（*Paphia undulata*）、菲律宾蛤仔等都是人们餐桌上的美食；一些软体动物如棒锥螺（*Turritella bacillum*）、荔枝螺、石磺、泥蚶、牡蛎等具有药用价值，例如，棒锥螺的厣可治疗结膜炎，蛎敌荔枝螺（*Thais gradata*）和疣荔枝螺（*Thais clavigera*）的壳能治疗淋巴结核，东风螺的壳具有制酸和解毒功效，伶鼬榧螺（*Oliva mustelina*）的壳具有平肝潜阳、清燥润肺的功效等；一些产量大的小型贝类可作为肥料、饲料或工业原料，例如，凸壳弧蛤壳薄肉嫩，可用于喂猪、养鸭和养鱼虾，牡蛎壳粉能增强家禽的体质和免疫力，促进生长发育，是饲养家禽的辅助饲料，还可以用于烧制石灰。在日常生活中，千姿百态、色彩斑斓的贝壳如耳螺、奥莱彩螺、玉螺、青蛤等都是人们喜爱的收藏品，珍珠更是名贵的装饰品和药物。软体动物不仅是我国红树林区捕捞量最大的动物类群，也是养殖规模最大的动物类群。目前，我国大部分红树林林外滩涂都已经被用于缢蛏、泥蚶、牡蛎、文蛤等的养殖。

许多软体动物是人们餐桌上的美食

广西北海集贸市场上的贝类　　　　海南文昌红树林区集贸市场上的贝类

红树林林外滩涂牡蛎养殖

根据生活习性，可将红树林中的软体动物划分为 6 种类型：①附着型（encrusting），以足丝或肌肉附着于石块或其他物体上生活，如滨螺、黑荞麦蛤（*Xenostrobus atratus*）等；②固着型（sessile），以贝壳固定在其他物体上生活，且固定后终生不移动，如牡蛎、难解不等蛤等；③底上型（epifaunal），在滩涂表面自由爬行，如石磺、珠带拟蟹守螺、紫游螺等；④底内型（infaunal），在泥沙中营埋栖生活，大部分的双壳类如红树蚬、泥蚶、缢蛏等均属于这一类；⑤穴居型（caving），在石头、珊瑚礁和木头等物体上凿穴生活，如船蛆（*Teredo navalis*）、马特海笋（*Martesia striata*）等；⑥游泳型（swimming），在水中游泳或漂浮生活，如章鱼、海蜗牛（*Janthina janthina*）等。

红树林的软体动物以腹足纲和双壳纲为主，拟沼螺科、滨螺科、汇螺科、耳螺科、蜒螺科等的种类在世界各地的红树林区广泛分布，并成为红树林区软体动物的优势类群。中国红树林区软体动物的优势种中，树栖型优势种以滨螺科、牡蛎科和贻贝科的种类为主，底栖型优势种以汇螺科、拟沼螺科、帘蛤科、满月蛤科和绿螂科的种类居多。有些种类为各红树林区的共有优势种，如珠带拟蟹守螺、黑口滨螺、短拟沼螺和中华绿螂等。此外，不同红树林区软体动物物种多样性由于植被类型、底质、盐度和人为干扰不同而有较大差异。

4.2 三亚红树林软体动物物种多样性

2008 年 11 月 12~18 日，分别对三亚主要红树林区，包括三亚河、铁炉港、亚龙湾、青梅港和榆林港进行了软体动物定性和定量调查，并于 2015 年 3 月、6 月、9 月、12 月分别对三亚河、铁炉港与青梅港进行了一年 4 个季度的定性与定量调查。

4.2.1 种类组成

三亚各主要红树林区目前共采集到软体动物 39 科 104 种（表 4-1），其中双壳纲 19 科 61 种，腹足纲 20 科 43 种，黑螺科、汇螺科、蜒螺科与滨螺科分布广泛，是三亚红树林软体动物的主要优势类群。树栖优势种为难解不等蛤、粗糙滨螺和斑肋滨螺，底栖优势种为奥莱彩螺、斜肋齿蜷和珠带拟蟹守螺。入侵种萨氏仿贻贝、大瓶螺和褐云玛瑙螺也在三亚红树林区常见。

表 4-1 三亚红树林区软体动物名录

种类	青梅港	三亚河	铁炉港	榆林港
双壳纲 BIVALVIA				
蚶科 Arcidae				
01 古蚶 *Anadara antiquata*	√			

续表

种类	青梅港	三亚河	铁炉港	榆林港
02 双纹须蚶 *Barbatia bistrigata*				√
03 赛氏毛蚶 *Scapharca satowi*				√
04 毛蚶 *Scapharca kagoshimensis*			√	√
05 半扭蚶 *Trisidos semitorta*				√
帽蚶科 Cucullaeidae				
06 粒帽蚶 *Cucullaea labiosa gramulosa*				√
贻贝科 Mytilidae				
07 凸壳弧蛤 *Arcuatula senhousia*	√			
08 变化短齿蛤 *Brachidontes variabilis*			√	√
09 翡翠股贻贝 *Perna viridis*			√	√
10 隔贻贝 *Septifer bilocularis*	√			
江珧科 Pinnidae				
11 栉江珧 *Atrina pectinata*				√
不等蛤科 Anomiidae				
12 难解不等蛤 *Enigmonia aenigmatica*			√	√
牡蛎科 Ostreidae				
13 近江牡蛎 *Crassostrea ariakensis*			√	√
14 牡蛎一种 *Ostrea* spp.1	√		√	√
15 牡蛎一种 *Ostrea* spp.2				√
满月蛤科 Lucinidae				
16 无齿蛤 *Anodontia edentula*			√	
17 印澳蛤 *Indoaustriella plicifera*	√			
18 斯氏印澳蛤 *Indoaustriella scarlatoi*	√			
鸟蛤科 Cardiidae				
19 黄边糙鸟蛤 *Trachycardium flavum*				√
蛤蜊科 Mactridae				
20 大獭蛤 *Lutraria maxima*	√			√
21 四角蛤蜊 *Mactra veneriformis*			√	√
中带蛤科 Mesodesmatidae				
22 台湾朽叶蛤 *Coecella formosae*		√		
23 扁平蛤 *Davila plana*				√

种类	青梅港	三亚河	铁炉港	榆林港
樱蛤科 Tellinidae				
24 肋纹环樱蛤 *Cyclotellina remies*		√		
25 拟箱美丽蛤 *Merisca capsoides*	√		√	√
26 彩虹明樱蛤 *Moerella iridescens*	√		√	
27 小亮樱蛤 *Nitidotellina minuta*	√			
28 皱纹樱蛤 *Quidnipagus palatum*				√
29 散纹小樱蛤 *Tellinella virgata*	√			
30 仿樱蛤 *Tellinides timorensis*				√
31 马岛蜊樱蛤 *Tellinimactra maluccensis*			√	√
紫云蛤科 Psammobiidae				
32 衣紫蛤 *Gari togata*	√		√	
截蛏科 Solecurtidae				
33 缢蛏 *Sinonovacula constricta*				√
饰贝科 Dreissenidae				
34 萨氏仿贻贝 *Mytilopsis sallei*				√
稜蛤科 Trapeziidae				
35 亚光稜蛤 *Trapezium sublaevigatum*				√
蚬科 Corbiculidae				
36 河蚬 *Corbicula fluminea*	√		√	√
37 红树蚬 *Gelonia coaxans*	√	√	√	√
帘蛤科 Veneridae				
38 鳞杓拿蛤 *Anomalodiscus squamosus*			√	√
39 对角蛤 *Antigona lamellaris*				√
40 伊萨伯雪蛤 *Clausinella isabellina*			√	√
41 突畸心蛤 *Cryptonema producta*			√	
42 青蛤 *Cyclina sinensis*				√
43 日本镜蛤 *Dosinia japonica*			√	√
44 歧脊加夫蛤 *Gafrarium divaricatum*				√
45 加夫蛤 *Gafrarium pectinatum*			√	√
46 凸加夫蛤 *Gafrarium tumidum*			√	√
47 裂纹格特蛤 *Marcia hiantina*				√
48 琴文蛤 *Meretrix lyrata*				√

续表

种类	青梅港	三亚河	铁炉港	榆林港
49 文蛤 *Meretrix meretrix*			√	√
50 真曲巴非蛤 *Paphia euglypta*				√
51 曲波皱纹蛤 *Periglypta chemnitzii*				√
52 网皱纹蛤 *Periglypta reticulata*	√			
53 日本卵蛤 *Pitar nipponica*		√		
54 细纹卵蛤 *Pitar striatum*				√
55 菲律宾蛤仔 *Ruditapes philippinarum*			√	√
56 钝缀锦蛤 *Tapes dorsatus*				√
57 缀锦蛤 *Tapes literatus*				√
绿螂科 Glauconomidae				
58 中华绿螂 *Glauconome chinensis*	√			
59 皱纹绿螂 *Glauconome corrugata*	√		√	√
60 薄壳绿螂 *Glauconome primeana*	√			
鸭嘴蛤科 Laternulidae				
61 截形鸭嘴蛤 *Laternula truncata*	√			
腹足纲 GASTROPODA				
蝾螺科 Turbinidae				
62 粒花冠小月螺 *Lunella coronatagranulata*				√
蜒螺科 Neritidae				
63 豆彩螺 *Clithon faba*	√		√	√
64 奥莱彩螺 *Clithon oualaniensis*	√	√	√	√
65 转色蜒螺 *Clithon retropictus*				√
66 渔舟蜒螺 *Nerita albicilla*	√		√	
67 齿纹蜒螺 *Nerita yoldii*	√			√
68 紫游螺 *Neritina violacea*		√	√	
滨螺科 Littorinidae				
69 斑肋滨螺 *Littoraria ardouiniana*	√		√	√
70 粗糙滨螺 *Littoraria articulata*	√		√	√
71 浅黄滨螺 *Littoraria pallescens*	√		√	√
72 滨螺一种 *Littoraria* spp.			√	
狭口螺科 Stenothyridae				
73 日本狭口螺 *Stenothyra japonica*				√

续表

种类	青梅港	三亚河	铁炉港	榆林港
拟沼螺科 Assimineidae				
74 短拟沼螺 *Assiminea brevicula*	√		√	
75 绯拟沼螺 *Assiminea latericea*	√		√	√
76 拟沼螺一种 *Assiminea* spp.				√
汇螺科 Potamididae				
77 珠带拟蟹守螺 *Cerithidea cingulata*	√		√	√
78 查加拟蟹守螺 *Cerithidea djadjariensis*	√		√	
79 红树拟蟹守螺 *Cerithidea rhizophorarum*	√		√	√
80 望远镜螺 *Telescopium telescopium*	√			
滩栖螺科 Batillariidae				
81 纵带滩栖螺 *Batillaria zonalis*	√			√
蟹守螺科 Cerithiidae				
82 特氏蟹守螺 *Cerithium traillii*	√		√	√
83 双带楯桑椹螺 *Clypeomorus bifasciata*	√			
凤螺科 Strombidae				
84 水晶凤螺 *Strombus canarium*			√	√
85 铁斑凤螺 *Strombus urceus*	√		√	√
玉螺科 Naticidae				
86 格纹玉螺 *Natica gualtieriana*			√	√
87 斑玉螺 *Natica tigrina*			√	
88 梨形乳玉螺 *Polinices mammilla*	√			
骨螺科 Muricidae				
89 珠母核果螺 *Drupa margariticola*	√			√
榧螺科 Olividae				
90 彩饰榧螺 *Oliva ornata*	√			
阿地螺科 Atyidae				
91 泥螺 *Bullacta exarata*	√			
耳螺科 Ellobiidae				
92 伶鼬冠耳螺 *Cassidula musteline*	√		√	√
93 核冠耳螺 *Cassidula nucleus*	√		√	√
94 小冠耳螺 *Cassidula paludosa*	√		√	√
95 耳螺一种 *Cassidula* spp.1			√	√

种类	青梅港	三亚河	铁炉港	榆林港
96 耳螺一种 *Cassidula* spp.2				√
石磺科 Onchidiidae				
97 瘤背石磺 *Onchidium struma*	√		√	√
瓶螺科 Aillpullaridae				
98 大瓶螺 *Pomacea canaliculata*	√		√	√
黑螺科 Melaniidae				
99 瘤拟黑螺 *Melanoides tuberculata*	√			
100 斜肋齿蜷 *Sermyla riqueti*	√	√	√	√
101 黑螺一种 *Sermyla* spp.				√
两栖螺科 Amphibolidae				
102 泷岩两栖螺 *Salinator takii*			√	√
玛瑙螺科 Achatinidae				
103 褐云玛瑙螺 *Achatina fulica*	√	√	√	√
扁蜗牛科 Bradybaenidae				
104 球蜗牛 *Acusta tourannensis*	√			
合计	49	8	50	74

　　青梅港共采集记录软体动物 28 科 49 种，其中双壳纲 11 科 19 种、腹足纲 17 科 30 种。2008 年 11 月，我们对三亚河的东河和西河进行红树林软体动物定性调查，由于水污染严重，林内覆盖大量生活垃圾，未见任何软体动物活体，仅在林外滩涂发现个别耐污种。2010 年以来，三亚有关方面加大了三亚河污染治理力度，三亚河水质得到了一定改善，软体动物种类和数量有所增加，2015 年，我们在三亚河采集到 8 种软体动物。铁炉港共采集记录软体动物 24 科 50 种，其中双壳纲 11 科 23 种、腹足纲 13 科 27 种。榆林港共采集记录软体动物 33 科 74 种，其中双壳纲 16 科 44 种、腹足纲 17 科 30 种。由此可见，就种类而言，榆林港红树林软体动物是三亚所有红树林中最丰富的，其次是铁炉港和青梅港，最少的是三亚河（图 4-1）。

　　除物种数量外，各地红树林软体动物的优势种也存在很大差异。青梅港红树林树栖优势种为粗糙滨螺和斑肋滨螺，底栖优势种为斜肋齿蜷；铁炉港红树林树栖优势种为粗糙滨螺和斑肋滨螺，底栖优势种为奥莱彩螺；榆林港红树林树栖优势种为难解不等蛤和斑肋滨螺，底栖优势种为斜肋齿蜷、拟沼螺一种和珠带拟蟹守螺。

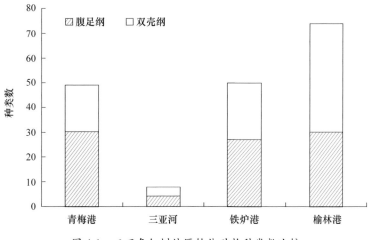

图 4-1　三亚各红树林区软体动物种类数比较

4.2.2　三亚红树林区软体动物的密度和生物量

　　三亚各红树林区软体动物的密度和生物量也存在显著差异。三亚河样方未采集到样品，榆林港陆缘软体动物密度比铁炉港和青梅港分别高 4.8 倍和 50.4 倍，林中分别高 12.8 倍和 8.6 倍，林外分别高 22.8 倍和 0.5 倍（图 4-2）。榆林港陆缘软体动物生物量比铁炉港和青梅港分别高 4.7 倍和 26.5 倍，林中分别高 6.2 倍和 17.1 倍，林外分别高 14.3 倍和 1.2 倍（图 4-3）。

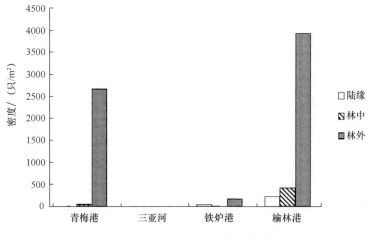

图 4-2　三亚各红树林区软体动物密度

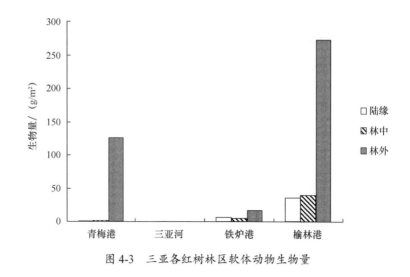

图 4-3　三亚各红树林区软体动物生物量

4.2.3　三亚红树林区不同样地软体动物差异性分析

青梅港是亚龙湾的一部分,红树林以榄李为绝对优势种,角果木与正红树为优势种。近年来,亚龙湾的旅游开发活动对青梅港保护区的红树林有着较大影响,而且周边建有污水处理厂,人为干扰严重,软体动物的生长与分布也受到较大影响。

三亚河是流经三亚市区的主要河流,为强感潮河,流经市区后分为西河和东河。三亚河红树林属于河岸红树林,主要群落类型是白骨壤群落与正红树群落。三亚河红树林位于市中心,人为干扰严重,加之常年的城市污水排污,红树林区几乎找不到软体动物。

铁炉港地貌上属沙坝-潟湖型港湾,潮汐为不规则日潮型,以日潮为主。土壤泥沙质。主要群落类型为白骨壤群落、红树群落、榄李+木果楝群落。作为中国最古老的红树林区,铁炉港红树林虽然植物种类多,但处于退化阶段,而且人为干扰比较严重,软体动物物种多样性不高。

榆林港红树林分布在榆林河两岸,属于河岸红树林,主要群落类型为正红树群落。榆林港红树林虽没有设立自然保护区,但红树林发育良好,郁闭度高,植物种类多,人为干扰最小,代表了三亚红树林的最高水平,软体动物物种多样性、密度与生物量最高。

人为干扰是影响三亚红树林生长与分布的最主要因素,其作用也同时在红树林软体动物上得以体现,减少人类活动对红树林的负面影响刻不容缓。

4.3　三亚红树林区软体动物优势种

难解不等蛤　*Enigmonia aenigmatica*

　　红树植物上特有的软体动物，以足丝附着在红树植物树干和叶片表面，偶附着于破船和礁石表面。贝壳形状随被附着物的形状变化而变化，附着于细长枝条上的呈长椭圆形，而附着于较粗树干表面的则呈短椭圆形。壳质薄脆，半透明，壳面呈紫铜色（附着于红树植物叶片表面的为棕绿色）。

白骨壤叶片上的难解不等蛤　　　　　　　　桐花树细枝上的难解不等蛤

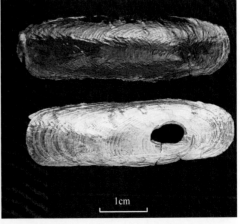

1cm

红树植物树干上的难解不等蛤

滨螺科　Littorinidae

　　滨螺科软体动物是我国红树林最常见的软体动物类群，我国红树林区的常见种有黑口滨螺、粗糙滨螺、斑肋滨螺和浅黄滨螺等。它们附着于红树植物的茎、枝、叶和气生根上，可以随潮汐和季节做上下垂直移动，对于高潮带的干燥环境有较好的适应性。以红树植物气生根和枝叶表面的藻类、微生物或其他有机颗粒为食。滨螺的经济价值不大，但对环境变化非常敏感，可作为表征环境质量的指示生物。三亚红树林中共记录滨螺科软体动物4种，其中粗糙滨螺和斑肋滨螺为优势种。

桐花树树枝上的斑肋滨螺　　　　　正红树树枝上的粗糙滨螺

奥莱彩螺　*Clithon oualaniensis*

　　奥莱彩螺以其壳表色泽及花纹变化而出名，颜色有白、紫、黑、黄、绿、褐等，花纹有带状、网纹状、星点状等。常大量聚集于红树林外缘泥沙质及沙泥质滩涂或红树林林间空隙，也常见于海草床。以藻类和有机碎屑为食。

　　奥莱彩螺在三亚红树林区常见，青梅港尤多。

沙泥质滩涂表面的奥莱彩螺　　　　　集群生活的奥莱彩螺

珠带拟蟹守螺　*Cerithidea cingulata*

珠带拟蟹守螺因壳表布满串珠状螺肋而得名。它是腹足类软体动物中对盐度和温度适应性较强的种类，在印度 - 西太平洋地区潮间带广泛分布。主要分布于高潮带下缘及中潮带沙泥质或泥沙质滩涂，常在红树林外缘附近的滩涂密集分布。为腐食性贝类，退潮时在滩涂表面觅食，涨潮时钻入洞穴，以躲避潮水的冲刷。肉可食，肉味鲜美，营养丰富。贝壳可做工艺品，因其数量大，也可用于烧制石灰，粉碎后可作为对虾养殖的补充饵料。

三亚红树林区常见种类和优势种，除三亚河外，其他地区均有分布。

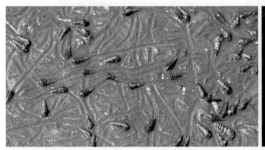 

珠带拟蟹守螺及其爬行时留下的痕迹　　　　　　　　珠带拟蟹守螺

红树拟蟹守螺　*Cerithidea rhizophorarum*

为红树林标志性软体动物之一，常集群栖息于沉积物表面，也可攀爬于红树植物树干基部或气生根上，涨潮时有向高处爬行以躲避潮水的行为。以树皮上的大型藻类和沉积物表面的有机碎屑为主要食物。味美可食。

红树拟蟹守螺是三亚红树林区常见种和优势种，除三亚河外，其他地区均有分布。

红树拟蟹守螺　　　　　　　　攀爬于木榄树皮上的红树拟蟹守螺

泥螺 *Bullacta exarata*

泥螺俗名"吐铁""麦螺""梅螺"等，分布于中、低潮带泥沙质或沙泥质滩涂，在滩涂表面匍匐爬行，依靠舌齿刮取滩涂表面的底栖藻类和有机碎屑。泥螺肉质细嫩，营养丰富，是我国福建以北沿海的重要经济贝类，以浙江和江苏的资源量最大，浙江人工养殖较多。泥螺不仅可以鲜食，还可加工成罐头。

虽然泥螺在海南红树林林外滩涂广泛分布，三亚青梅港也有泥螺分布的记录，但在海南，泥螺不作为经济动物。

泥螺	泥螺罐头

泥滩上爬行的泥螺	泥螺

瘤背石磺　*Onchidium struma*

全身裸露无贝壳，外形酷似癞蛤蟆或土疙瘩，背部灰色，有一个背眼。头部背面有一对触角，眼位于触角顶端。常见于高潮带及潮上带的滩涂，也可以攀爬于红树植物树干或气生根表面，在滩涂表面缓慢爬行，边摄食边排便，以滩涂表面的有机碎屑为食。

石磺具有较高的营养价值和滋补功能，无论鲜食还是晒干后食用，均味道鲜美。江苏、浙江和福建沿海居民作为滋补海珍品，因此，石磺又有"土海参""状元鳖""土鲍"和"涂龟"等称呼。石磺科动物分类比较乱，我国红树林区常见石磺为瘤背石磺，因其背部密布瘤状突起而得名。

三亚青梅港、铁炉港和榆林港红树林中瘤背石磺常见。

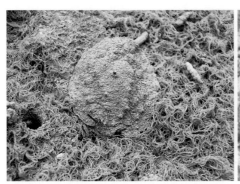

在藻床上摄食的瘤背石磺

淤泥表面爬行的瘤背石磺

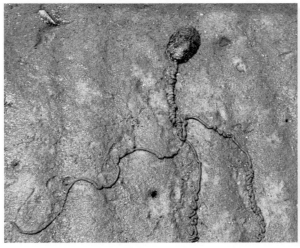

边摄食边排便的瘤背石磺（海南陵水黎安）

攀爬于正红树支柱根表面的瘤背石磺

毛蚶 *Scapharca kagoshimensis*

毛蚶

毛蚶别名麻蛤，因壳表被有褐色绒毛状壳皮而得名。分布于低潮带至水深十多米的泥沙质底中，以硅藻和有机碎屑为食。

三亚红树林区有蚶科软体动物5种，其中以毛蚶较为常见，在榆林港和铁炉港均有分布。

贻贝科 Mytilidae

贻贝别名淡菜、海虹。以毛发状的足丝附着于低潮带至潮下带海底的岩礁或其他物体表面，常成群出现，以浮游硅藻和有机碎屑为食。贻贝是繁殖力强、生长快、适应性强的优良养殖品种。

贻贝科软体动物种类较多，仅我国就有30多种，三亚红树林区目前发现贻贝科软体动物4种，分别为变化短齿蛤、翡翠股贻贝、隔贻贝和凸壳弧蛤。翡翠股贻贝因翠绿色的壳表而得名，营养丰富，且具有药用价值，是我国主要养殖贻贝之一。

三亚铁炉港和榆林港红树林区有翡翠股贻贝的天然分布。

翡翠股贻贝

牡蛎科　Ostreidae

　　牡蛎别名生蚝、海蛎、蚵仔。我国红树林区牡蛎种类较多，常见的有团聚牡蛎（*Saccostrea glomerata*）、褶牡蛎（*Alectryonella plicatula*）、棘刺牡蛎（*Saccostrea echinata*）、近江牡蛎等。牡蛎以石灰质外壳固着于海缘或潮沟边的红树植物树干基部、气生根或石块表面。具有群聚习性，以开闭壳运动进行摄食和呼吸，滤食浮游动物、单细胞藻类和有机碎屑等。牡蛎味道鲜美，营养丰富，被称为"海里的牛奶"。除食用外，牡蛎还具多种药用功效。牡蛎是我国贝类养殖的主要对象之一，养殖历史悠久，养殖面积大、产量高。牡蛎壳可用于烧制石灰。近年来，发现牡蛎具有与珊瑚礁类似的固碳功能，可以通过人工营造牡蛎礁进行固碳。

红海榄支柱根表面的牡蛎

青梅港红树植物根系表面密集的牡蛎

牡蛎是海南红树林海域主要的养殖对象

牡蛎是海南红树林周边农贸市场常见的海鲜

缢蛏 *Sinonovacula constricta*

缢蛏俗名蛏子，是一种广温性埋栖生活贝类，多见于中低潮带淤泥质或泥沙质滩涂。滤食性贝类，食物以硅藻为主，兼食有机碎屑和泥沙颗粒。生长快、养殖周期短，是我国四大养殖贝类之一，也是浙江和福建主要滩涂养殖对象之一。缢蛏营养丰富、味美，还有一定的药用价值。红树林林外滩涂是缢蛏的传统养殖区，近年来，随着缢蛏养殖效益的提高，一些原来养殖鱼类或虾蟹的鱼塘逐步改养缢蛏。

三亚不常见，仅2008年在榆林港有记录，但缢蛏是海南沿海农贸市场常见的海鲜之一，本书特将其收录。

缢蛏

缢蛏捕捞

红树林林外滩涂缢蛏养殖

红树蚬　*Gelonia coaxans*

红树蚬别名马蹄蛤、掉地蛤，红树林代表性软体动物之一，我国红树林区广泛分布。多栖息于中高潮带的红树林内浅层沉积物中，在大雨过后常上移到滩涂表面，以有机碎屑、底栖硅藻和大型藻类为食。红树蚬可食用，是红树林周边居民赶海的主要渔获物之一。

三亚青梅港、铁炉港、榆林港和三亚河均有分布，是三亚红树林软体动物中的常见种和优势种。近年来，红树蚬已成为三亚青梅港和榆林港周边居民在红树林内最主要的捕捞对象，是三亚农贸市场销售的主要贝类之一。

红树蚬

红树林周边居民在青梅港挖红树蚬

红树蚬是我国红树林区常见的捕捞对象

红树蚬是我国红树林周边农贸市场常见海鲜

文蛤　*Meretrix meretrix*

文蛤别名车螺。喜欢生活于有淡水注入的海湾河口中潮带至浅海沙泥质海底，以斧足掘沙营埋栖生活，滤食单细胞藻类和有机碎屑。肉质鲜美，蛤肉洁白如玉，营养丰富，而且具有很高的药用价值。文蛤壳体表面光滑，花纹美丽，可用于制作工艺品。我国南北均有分布，是我国四大养殖贝类之一。

三亚铁炉港和榆林港有少量天然分布，为三亚农贸市场常见海鲜之一。

文蛤

菲律宾蛤仔 *Ruditapes philippinarum*

菲律宾蛤仔

菲律宾蛤仔俗称蛤仔、蚬子、花蛤。大多栖息于风浪较小的内湾，以及有适量淡水注入的潮间带至20m浅海泥沙质海底。生长迅速、养殖周期短、适应性强，适合人工高密度养殖。

三亚铁炉港和榆林港低潮带滩涂有少量分布，是三亚农贸市场常见贝类之一。

4.4 三亚红树林外来软体动物

近年来，我们陆续在三亚红树林区发现外来入侵软体动物，常见的有大瓶螺、褐云玛瑙螺和萨氏仿贻贝。

大瓶螺 *Pomacea canaliculata*

大瓶螺别名福寿螺。淡水种类，常见于红树林陆地一侧的水沟、鱼塘和稻田等地，多在泥质或泥沙质滩涂表面活动，偶尔攀爬于植物茎干上。原产南美洲亚马孙河流域，因其适应性强，繁殖迅速，以植物性饵料为主的杂食性种，因对农作物危害巨大而被列为入侵种。

三亚青梅港、铁炉港和榆林港均有发现。

大瓶螺　　　　　　　　　　　　　　　大瓶螺卵

褐云玛瑙螺　*Achatina fulica*

　　褐云玛瑙螺别名非洲大蜗牛。陆生种类，喜栖息于阴湿处，雨后爬出觅食。常在红树林陆缘的半红树植物带生存。幼螺以腐殖性食物为主，成螺以绿色植物为主。原产于东非，19 世纪 30 年代作为食用螺类传入我国，适应性强、繁殖快、食量大，对农作物尤其是蔬菜危害很大，被列入中国首批 16 种外来入侵种之一。

　　三亚青梅港、三亚河、铁炉港和榆林港均有发现。

褐云玛瑙螺

萨氏仿贻贝 *Mytilopsis sallei*

萨氏仿贻贝别名沙筛贝。营附着生活，常在水流不畅的内湾和鱼塘内大量出现。生活力和繁殖力极强，生长迅速，能适应不同温度和盐度，甚至是高污染的环境，与养殖贝类争夺附着基和饵料及空间，排挤当地物种，成为外来入侵物种。原产于中美洲热带地区，现广泛分布于我国南方海岸。我国南方常将其作为蟹类和鱼类饲料。

三亚铁炉港及三亚河有分布。

三亚河密密麻麻的萨氏仿贻贝　　　　　　　　　萨氏仿贻贝

第5章

三亚红树林蟹类

　　每当我们走进红树林，除了各种鸟类及软体动物外，给人印象最深的动物类群就是蟹类了。无论是滩涂上挥舞着大螯的雄性招潮蟹、爬在红树植物树干上"身手敏捷"的相手蟹、擅长游泳的青蟹，还是烟囱状高高耸起的蟹洞，或是蟹洞周围圆球形的拟粪，都是那么有趣。

　　蟹类属节肢动物门（Arthropoda）软甲纲（Malacostraca）十足目（Decapoda）。全世界有蟹类 4500 余种，中国有近 800 种。90% 以上的蟹类生活在海洋里，而海洋蟹类中又有很大一部分生活在潮滩湿地。蟹类是红树林湿地大型底栖动物中的优势类群，通过捕食、掘穴及爬行等行为对红树林湿地生态系统的物质循环和能量流动产生深刻的影响，被认为是红树林湿地的生态系统工程师（ecosystem engineer）。蟹类行为生态效应的研究，是探究红树林湿地生态系统奥秘的关键。此外，蟹类对人为干扰和全球变化非常敏感，针对红树林的科学保护、管理与应用，蟹类的研究是必不可少的关键环节。

青梅港红树林外裸滩的招潮蟹

爬树的相手蟹

5.1 生态系统工程师

5.1.1 掘穴行为

为了躲避敌害和完成重要的生命活动（交配），以及躲避恶劣的环境（退潮时滩涂的高温、失水），红树林中的大部分蟹类都有掘穴行为。当我们走进红树林，就会发现地面有大大小小的洞穴，其中绝大部分是蟹洞。蟹洞在满足蟹类自身需求的同时，也对红树林湿地沉积物的物理化学环境产生了深远的影响。

蟹洞强烈地改变了红树林土壤①的透气透水条件，它有利于O_2向底层土壤的传递和CO_2的排放，避免了有毒气体如H_2S的过度积累，提高了土壤氧化还原电位，加速了有机碎屑的分解，同时增加了土壤的透水性。Smith等（2009）研究了美国佛罗里达红树林修复区一种招潮蟹的掘穴行为对红树林苗木生长的影

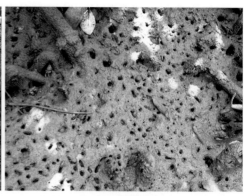

蟹洞增加了红树林滩涂表面的粗糙程度　　　　　　　　致密的蟹洞

烟囱状的蟹洞

---

① 实际上是沉积物，因为它没有团粒结构的发育，不能称为土壤。为通俗起见，本书仍用土壤代替

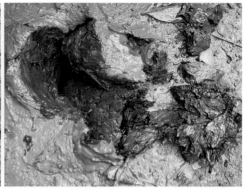

有蟹洞（左）与无蟹洞（右）的红树林沉积物对比

守在洞口的弧边招潮　　　　　　　　　　刚出洞的侧足厚蟹

响，结果发现，与通过围网方式去除招潮蟹的区域相比，有招潮蟹区域的红树植物苗木生长增加 27%，基径增加 25%，叶片数增加 15%。这说明蟹洞的存在大大促进了红树植物苗木的生长。掘穴行为剧烈地影响土壤的理化性质，改变了土壤微地形，增加了土壤表面的粗糙度，有利于红树植物繁殖体的定居，减少了枯枝落叶被潮水冲走的比例。此外，一些相手蟹还可以将红树植物的落叶拖入洞中，促进落叶分解。

5.1.2　摄食行为

红树林蟹类特别是相手蟹科蟹类，通过摄食行为和生物扰动，在红树林生态系统中扮演着重要角色。虽然不同研究的结果差异较大，但很多研究都表明蟹类是消耗红树植物凋落叶的重要类群（表 5-1）。蟹类不断撕碎、消化和掩埋叶片，加速了红树林叶片的破碎和降解速率，其摄食过程也降低了潮汐等因素引起的营养物质向河口的输出。2015 年，澳大利亚科学家首次发现一种相手蟹（*Parasesarma erythodactyla*）的肠道可以分泌纤维素酶（Bui and Lee，2015），这说明红树林中的蟹类具有与草食性的哺乳动物类似的利用纤维素的能力。蟹类消化植物组织后排泄的粪便成为微生物食物链的重要基础，进而使底栖动物和水生消费者间接获益。

表 5-1　红树林蟹类消耗凋落叶的比例

地区	红树群落	消耗落叶比例 /%
澳大利亚昆士兰	红海榄	28
澳大利亚昆士兰	毛瓣木榄、角果木	75
马来西亚苗柏河口	木榄属、红树属	42～54
肯尼亚加济湾	角果木	19
肯尼亚加济湾	白骨壤	100
泰国普吉岛	正红树、角果木	76
中国九龙江口	秋茄	33
中国香港	秋茄	>57
日本冲绳岛	木榄	<5
日本冲绳岛	秋茄	<37
南澳大利亚	白骨壤	9
南非特兰斯凯	白骨壤	44

正在啃食互花米草叶片的相手蟹

除叶片外，蟹类还啃食红树植物的繁殖体。在福建的一些地方，蟹类大量啃食刚栽植的红树植物胚轴，严重影响造林成效。Dangremond（2015）对巴拿马某地的调查发现，90% 的美洲大红树胚轴和 66.7% 的皮利西木（*Pelliciera rhizosphere*）果实被蟹类啃食，皮利西木定植后，蟹类的啃食而非幼苗成活率是影响皮利西木群落分布的主要因素。蟹类的这种啃食行为被认为是影响红树植物群落结构和种群更新的重要因素。

5.1.3　重要的次级生产者

蟹类不仅是红树林生态系统重要的初级消费者，其本身还是红树林区很多动物的食物。蟹类等甲壳动物是红树林湿地鸟类重要的食物来源。Zou 等（2008）发现广东雷州红树林湿地鸟类的种类数与底栖动物的数量和生物量呈显著的正相关。海南红树林区生活着一种两栖动物——海陆蛙（*Rana cancrivora*），是世界上少数几种能够在咸水环境中生活的两栖动物之一。它们白天隐藏在洞穴或红树植物的气生根丛中，晚上出来活动，主要以小型蟹类为食，又称食蟹蛙。海陆蛙因其数量稀少，分布区狭窄，已经被列入《海南省省级重点保护陆生野生动物名录》（2006）。2008 年 2 月 13 日，在三亚青梅港红树林记录到一只海陆蛙。可惜的是，之后再也没有发现。孟加拉国红树林区有专门以蟹类为食的食蟹猴。在加勒比地区一种红树林树栖蟹（*Aratus pisonii*）占了捕食者灰鳍鲷（*Lutjanus griseus*）食物总量的 29%，由于这种蟹以消耗红树林碳为主，这就为红树林有机碳进入水生生态系统提供了一条重要途径。

正在吃螃蟹的鹤鹬（照片提供：林清贤）

晚上出来觅食的海陆蛙

青梅港红树林中的海陆蛙（照片提供：钟才荣）

5.1.4　其他功能

蟹类的生物多样性指示了红树林湿地生态系统的健康状况，同时也增加了红树林湿地的可观赏性。红树林中的一些蟹类如锯缘青蟹（*Scylla serrata*）、拟曼赛因青蟹（*Scylla paramamosain*）、钝齿蟳（*Charybdis hellerii*）、和尚蟹等是重要的经济动物。红树林是青蟹苗的主要产地。吴秋城等（2012）的调查发现福建云霄漳江口红树林区青蟹苗年产量达 2.59 只 /m²，总产量达 720 万只。虽然我国已经成功解决了青蟹的人工育苗难题，但无论成活率还是生长速度，天然苗均优于人工苗，养殖者更喜欢野生苗。

广西防城港红树林青蟹的瓦缸养殖　　　　　来自红树林的青蟹苗

5.2 三亚红树林蟹类多样性

三亚红树林蟹类的生物多样性至今还没有公开发表的数据。2015年，我们对三亚河红树林市级自然保护区、青梅港红树林市级自然保护区和铁炉港红树林市级自然保护区的蟹类进行了4个季度的初步调查。定量调查采用样方法（25cm×25cm）结合蜈蚣网法，蜈蚣网（长10m，宽40cm，高30cm，网眼8mm）涨潮前布网，退潮时收网。同时结合定性调查研究各地点蟹类的种类组成。

5.2.1 种类组成

调查共记录到蟹类9科16种（表5-2），其中青梅港6科10种、三亚河7科9种、铁炉港7科11种，3个地点蟹类种类数和种类组成差异较小。拟曼赛因青蟹、钝齿短桨蟹和北方招潮是三亚红树林的优势种，在3个地点均有分布。逍遥馒头蟹、红螯相手蟹、褶痕相手蟹和粗腿招潮仅在铁炉港有发现，方形大额蟹仅在三亚河有记录到，青梅港没有记录到特有种。

表5-2　三亚红树林蟹类名录

种类	青梅港	三亚河	铁炉港
馒头蟹科 Calappidae			
01 逍遥馒头蟹 *Calappa philargius*			√
梭子蟹科 Portunidae			
02 拟曼赛因青蟹 *Scylla paramamosain*	√	√	√
03 钝齿短桨蟹 *Thalamita crenata*	√	√	√
方蟹科 Grapsidae			
04 方形大额蟹 *Metopograpsus thukuhar*		√	
相手蟹科 Sesarmindae			

续表

种类	青梅港	三亚河	铁炉港
05 密栉上相手蟹 *Episesarma mederi*	√	√	
06 泡粒新相手蟹 *Nanosesarma versicolor*	√	√	
07 红螯相手蟹 *Sesarma haematocheir*			√
08 褶痕相手蟹 *Sesarma plicata*			√
弓蟹科 Varunidae			
09 字纹弓蟹 *Varuna litterata*		√	√
毛带蟹科 Dotillidae			
10 淡水泥蟹 *Ilyoplax tansuiensis*	√	√	
11 双扇鼓窗蟹 *Scopimera bitympana*	√		√
大眼蟹科 Macrophthalmidae			
12 拉氏大眼蟹 *Macrophthalmus latreillei*	√	√	
和尚蟹科 Mictyridae			
13 长腕和尚蟹 *Mictyris longicarpus*	√		√
沙蟹科 Ocypodidae			
14 角眼沙蟹 *Ocypoda ceratophthalmus*	√		√
15 北方招潮 *Uca borealis*	√	√	√
16 粗腿招潮 *Uca crassipes*			√
合计	10	9	11

5.2.2　三亚红树林区蟹类的数量和密度

由表 5-3 可知，单网生物量、平均生物量和平均密度均为三亚河最低。三亚河蟹类优势种是相对耐污的拟曼赛因青蟹，这与三亚河的污染有关。单网捕获量最低的为铁炉港。青梅港的单网生物量、单网捕获量和平均密度最高，主要原因是 6 月拉氏大眼蟹数量突然增加，可能与其处于繁殖洄游期有关。

表 5-3　三亚红树林各样地蟹类的数量和密度

	单网生物量 /（g/ 网）	单网捕获量 /（只 / 网）	平均生物量 /（g/m²）	平均密度 /（只 /m²）
青梅港	735.3	73.0	83.2	134.9
三亚河	200.6	15.7	7.1	31.4
铁炉港	247.9	10.1	167.4	79.9

5.3　三亚红树林区蟹类优势种

拟曼赛因青蟹　*Scylla paramamosain*

我国常见的青蟹种类有拟曼赛因青蟹和锯缘青蟹，俗名鲟、膏蟹、菜蟹、红鲟、蝤蛑等。肉味鲜美独特，营养极为丰富，食用药用价值高，尤其是交配后性腺成熟的雌蟹有"海中人参"之称，是名贵水产品。

青蟹善游泳，会爬行，也擅挖洞，白天多潜穴而居，夜间出洞觅食。除越冬产卵在较深海区外，基本上栖息于河口、内湾的潮间带，红树林区是其理想的栖息地，多在高潮带滩涂穴居。食性较杂，以肉食性为主，喜食软体动物、蟹、虾和小鱼。它们有同类相残的习性，常捕食刚脱壳的软壳蟹。青蟹是我国沿海的主要养殖和捕捞对象。除食用外，蟹壳可制成甲壳素，是一种用途广泛的工业原料。

拟曼赛因青蟹为三亚红树林区常见的青蟹，三亚河、铁炉港、青梅港和榆林港均有分布，且为优势种。

拟曼赛因青蟹

青蟹是红树林区最重要的经济蟹类

红树林周边农贸市场的青蟹交易

钝齿短桨蟹　*Thalamita crenata*

钝齿短桨蟹俗称无刺短桨蟹、石蟳仔、蚵蟳仔。多栖息于热带、亚热带岩石海岸或沙泥质海岸中低潮带及以下的浅海。善游泳，脱壳时会挖洞，以贝类和小型甲壳类为主食，也会吃海胆。动作敏捷、善打斗，双螯的活动幅度很大，遇危险时迅速张开做防卫状，是潮间带最凶悍的蟹种，被称为螃蟹中的"武林高手"。

我国浙江以南海区常见，味道鲜美，是常见的经济蟹类。为三亚红树林区常见种类。

钝齿短桨蟹

招潮蟹　*Uca* spp.

招潮蟹是 100 多种蟹类的统称，最突出的特点是雄蟹具大小悬殊的一对螯，大的称交配螯，颜色鲜艳，有特别的图案；小螯极小，用以取食，称取食螯。雌蟹的两个螯小，大小相同，均为取食螯。如果雄蟹不幸失去大螯，原处会长出一个小螯，原来的小螯则长成大螯，发挥相同的功能。此外，它们还有一对火柴棒般突出的眼睛，眼柄细长。觅食时，两只眼睛高高竖起，观察周围动静，一旦发现危险，就迅速遁入洞穴。

招潮蟹多栖息于中低潮带淤泥质或泥沙质滩涂，退潮时红树林外裸滩是其理想的栖息地。它们有挖洞的习性，退潮时在滩涂上取食、求偶或修补洞穴，涨潮前躲入洞穴，并挖取一块泥巴盖住洞口，利用洞穴内的残留气泡维持生命，等待下一次退潮后再出洞。雄蟹具有在涨潮时舞动大螯的标志性动作，用以吸引异性和驱逐竞争者，招潮蟹由此得名。

招潮蟹用小螯刮取淤泥表面小颗粒。口中有一个特别的器官，可以将食物分

红树林最常见的弧边招潮

招潮蟹的"拟粪"

类和过滤，将有机碎屑、藻类、微生物等送入口，不能利用的残渣再由小螯取出弃于地面，形成肉眼可见的小土球，称为"拟粪"，区别于通过消化道从肛门排出的粪便。

北方招潮（雄）

目前在三亚红树林区仅发现2种招潮蟹，分别是北方招潮和粗腿招潮。前者在青梅港、三亚河、铁炉港和榆林港均有发现，且是优势种，后者仅在铁炉港有发现。随着调查的深入，相信三亚红树林区可以发现更多的招潮蟹种类。

北方招潮（雌）

粗腿招潮

和尚蟹 *Mictyris* spp.

和尚蟹又名"海和尚"，因其淡蓝色的蟹壳像和尚头而得名。与一般的蟹类不同，和尚蟹是一种"遵守纪律"的群居性动物，退潮时常在滩涂成群出现，一旦受到惊吓，可以在不到20秒内以旋转身体的方式潜入泥沙而集体消失，又有"兵蟹"之称。它们没有固定的洞穴，以有机质和藻类为食，取食后常在地表留下大量的拟粪。它们的4对步足可以前伸，运动时向前走，而不像一般蟹类只能横着走。我国常见的和尚蟹有短趾和尚蟹（*Mictyris brevidactylus*）和长腕和尚蟹。长腕和尚蟹多出现于沙泥质的红树林林外滩涂，曾经是青梅港红树林底栖动物的优势种，现在已经很少见到。

和尚蟹

嵌入泥中的和尚蟹

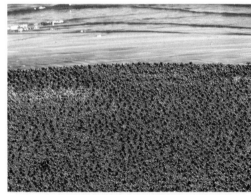

成群结队的和尚蟹

和尚蟹的拟粪

第**6**章

三亚红树林鱼类

6.1　红树林鱼类的定义、特点及与红树林的关系

鱼类是终生生活于水中，用鳃呼吸，用鳍游泳，用颌捕食，体多呈纺锤形，并覆以保护性鳞片的变温脊椎动物，它们几乎栖息于地球上所有的水生环境。鱼类现生种类可分为 4 个纲，即盲鳗纲（Myxini）、头甲纲（Cephalaspidomorphi）、软骨鱼纲（Chondrichthyes）和辐鳍鱼纲（Actinopterygii）。世界上现存鱼类有 2 万余种，约占脊椎动物总数的 42%。中国的鱼类共有 3000 余种，其中 2/3 是海水鱼类。

在有红树林存在的海岸河口地区，多数近海鱼类都与红树林有着密切的关系。但迄今为止，国内外对"红树林鱼类"还没有一个明确的定义，鱼类进入怎样的地域范围内才算是红树林鱼类？由于对红树林鱼类调查范围不同，即使对同一个地区鱼类的调查结果也不一样。这种基本概念的不明确，给红树林鱼类研究工作造成了很大的被动。

栖息于红树林区的鱼类可分为 2 类：在红树林生态系统中度过其全部生命周期的永久性定居者及在整个生命周期中至少有一个阶段与红树林有关的暂时性定居者。许多鱼类将红树林作为其索饵场，仅极少数的鱼类是永久性定居型。在红树林不同区域，鱼类种类和分布有较大差异，一些鱼类的分布区域以潮沟为界，有的专性在红树林内栖息，很少进入林外港湾水域，还有些种类则主要在林外水域活动，同时在潮沟出现，但是完全不进入红树林，这两个类型的鱼类都具有非常鲜明的区域限制性。有些种类则在林内外和潮沟都有分布，区域限制性不突出。

全世界红树林鱼类以鳀科（Engraulidae）、鲾科（Leiognathidae）、银鲈科（Gerreidae）、银汉鱼科（Atherinidae）及鰕虎鱼科（Gobiidae）为主，其数量也

是最丰富的（Robertson and Blaber，1992）。红树林的游泳鱼类区系组成以暖水性种占绝对优势，生态类型上底层鱼类十分丰富，尤其是鰕虎鱼科种类。海南东寨港红树林区的 115 种鱼类中有鰕虎鱼科鱼类 17 种，远多于其他各科（Wang et al.，2009）。

红树林区鱼类具有种类多、栖息密度高及以幼鱼为主等特点。据统计，全世界与红树林有关的鱼类达 2000 余种。在澳大利亚和印度的红树林河口及港湾，已报道的鱼类种类有近 200 种（Robertson and Blaber，1992）。中国红树林湿地的游泳鱼类记录有 258 种，其中软骨鱼类 4 种、硬骨鱼类 254 种（何斌源等，2007）。在澳大利亚昆士兰的红树林，仔鱼的平均密度达 $3.5\sim31$ 条 $/m^2$，平均生物量为 $11\sim29g/m^2$。Morton（1990）的调查发现澳大利亚红树林区捕捞鱼的年总生物量高达 $5840kg/hm^2$，其市场价值约为 5330 美元 $/hm^2$。热带和亚热带的红树林生境是全世界公认的幼鱼育苗场所，许多种类的幼鱼，包括一些经济价值高的鱼类，都只在红树林区出现，与附近的泥滩和海草床相比，红树林区形成了自己独特的鱼类区系。红树林区鱼类不仅绝大多数都是幼鱼，而且少数几种优势鱼类的数量占了总数量的大部分。许多鱼类仅把红树林作为其产卵场，等发育到一定阶段后，就向其他生境迁移（施富山等，2005）。

红树林区丰富的食物来源和隐蔽的环境为鱼类的栖息、觅食和发育提供了良好的场所。红树植物延伸到潮间带及潮下带的支柱根和呼吸根等复杂的根系使得红树林生境形成了独特的环境特征：下层土壤底质坚硬，沉积物底质柔软，正因如此，红树植物的根系成为许多海洋植物、藻类、无脊椎动物和脊椎动物的"家"，而红树林则为许多物种提供了理想的栖息场所。红树林是热带亚热带海湾河口维持高渔业产量的主要因素，全球海岸线有红树林生长的区域，当地的渔业资源和产值都比较高，红树林及林缘滩涂的渔获量是附近海草场的 $4\sim10$ 倍（Robertson and Duke，1987）。世界红树林对渔业的贡献率每年达 $750\sim16\,750$ 美元 $/hm^2$（Rönnbäck，1999）。联合国粮食及农业组织（FAO）的调查发现 2002 年全世界红树林产出了 3000 万 t 鱼类（FAO，2004）。

目前关于红树林对鱼类有如此大吸引力的原因始终存在争议，主要有以下 3 个假说。①摄食假说：认为红树林生态系统中丰富的饵料生物可以为鱼类提供充足的食物来源。②逃避捕食假说：红树植物的根系、残枝及林下其他的植被结构、红树林本身所处的浅水环境、较高的混浊度、红树植物覆盖下的滩涂等独特环境能削弱大型肉食性鱼类捕食的能力，使红树林成为幼鱼和其他动物的避难所。③结构异质性假说，即根系庇护假说：红树植物复杂的根系为进入红树林区的鱼类提供了良好的庇护，红树林对海潮有充分的阻挡作用，能有效抵御台风侵袭，此时鱼类进入红树林，等风势减弱，鱼类随退潮水流离开红树林。当然，这3个假说不是相互独立的，比如，植被的存在导致生境结构的复杂性增加，进而为鱼类提供了更大的生存空间，而由于生境表面积的增大又形成更丰富的食物来源，这些都为小型捕食者和附生生物提供了更大的生存空间。

但以上红树林对鱼类吸引作用的3种假说仅仅是一种猜测，缺少严格的科学依据。现在越来越多的研究对上述假说提出了质疑，主要集中在以下两方面：第一，红树植物的凋落物及其分解后的有机碎屑并不被鱼类直接摄食（Lee，1995）。红树植物凋落物（尤其是叶片）具有高单宁含量、高C/N值的特点，不易被消化（王文卿和王瑁，2007；颜素贞，2011）。第二，许多鱼类没有乘潮水进入红树林内，它们仅仅在潮沟或涨潮时的林外光滩活动，而这些生境得不到红树植物根系的庇护。我们对海南东寨港红树林内、光滩和潮沟鱼类多样性连续2年的调查发现，红树林内渔获物的种类、数量和生物量明显低于林外光滩和潮沟，东寨港记录的115种鱼类中，70种鱼类从不进入红树林，这说明红树林内对鱼类的吸引要弱于潮沟和光滩（Wang et al.，2009）。红树植物根系的庇护作用或许仅仅发生于红树林内。由于大部分鱼类不进入红树林内，逃避捕食假说也受到了一些质疑（Krumme，2004）。可见目前的研究还无法从根本上解释鱼类大量聚集于红树林区的原因，红树林对鱼类重要性的认识还知之甚少。

6.2　三亚红树林鱼类多样性

2015年3月、6月、9月、12月分别代表春、夏、秋、冬进行了4个季度的调查，调查地点为三亚青梅港、三亚河及铁炉港，在青梅港的龙溪桥上游和下游的红树林林缘、三亚河东河西岸和三亚河西河东岸的红树林林缘、铁炉港的红树林林缘各布置1个样点。

采用定量调查与定性调查结合的方法，使用蜈蚣网进行定量调查，并结合现场观察及市场调查的方法，记录观察到的鱼类种类。蜈蚣网长约10m，以1张蜈蚣网为一个单位，每个样点布3个单位蜈蚣网。每季度在每个样地调查1天，涨潮前下网，退潮后收网。将所捕获鱼类鉴定、计数并测量体长和体重。

6.2.1　种类组成

调查共发现鱼类50种，隶属于8目24科，以鲈形目种类占绝对优势，有16科38种，占总种类数的76.0%。鰕虎鱼科种类最丰富，共14种，远多于其他各科（表6-1）。青梅港有红树林鱼类10科13种，三亚河有17科28种，铁炉港有15科26种（表6-1）。

表 6-1 三亚红树林鱼类名录

种类	青梅港	三亚河	铁炉港
I 海鲢目 ELOPIFORMES			
一、海鲢科 Elopidae			
01 海鲢 *Elops machnata*		√	
II 鳗鲡目 ANGUILLIFORMES			
二、海鳝科 Muraenidae			
02 长海鳝 *Strophidon sathete*			√
III 鲤形目 CYPRINIFORMES			
三、鳅科 Cobitidae			
03 泥鳅 *Misgurnus anguillicaudatus*		√	
IV 鲇形目 SILURIFORMES			
四、鳗鲇科 Plotosidae			
04 线纹鳗鲇 *Plotosus lineatus*			√
V 鲻形目 MUGILIFORMES			
五、鲻科 Mugilidae			
05 前鳞鲛 *Liza affinis*		√	√
06 头鲻 *Mugil cephalus*	√	√	
07 前鳞骨鲻 *Osteomugil ophuyseni*		√	
VI 颌针鱼目 BELONIFORMES			
六、鱵科 Hemiramphidae			
08 间下鱵 *Hyporhamphus intermedius*			√
VII 鲈形目 PERCIFORMES			
七、魣科 Sphyraenidae			
09 斑条魣 *Sphyraena jello*	√		
八、双边鱼科 Ambassidae			
10 眶棘双边鱼 *Ambassis gymnocephalus*	√	√	√
九、鮨科 Serranidae			
11 赤点石斑鱼 *Epinephelus akaara*			√
12 橘点石斑鱼 *Epinephelus coioides*			√
13 马拉巴石斑鱼 *Epinephelus malabaricus*			√
十、鱚科 Sillaginidae			
14 多鳞鱚 *Sillago sihama*		√	

种类	青梅港	三亚河	铁炉港
十一、军曹鱼科 Rachycentridae			
15 军曹鱼 *Rachycentron canadum*			√
十二、鲹科 Carangidae			
16 狮鼻鲳鲹 *Trachinotus blochii*		√	√
十三、鲾科 Leiognathidae			
17 短吻鲾 *Leiognathus brevirostris*		√	
18 短棘鲾 *Leiognathus equulus*	√	√	√
19 粗纹鲾 *Leiognathus lineolatus*			√
十四、笛鲷科 Lutjanidae			
20 紫红笛鲷 *Lutjanus argentimaculatus*	√	√	√
十五、银鲈科 Gerreidae			
21 短棘银鲈 *Gerres lucidus*	√	√	
十六、鲷科 Sparidae			
22 黄鳍鲷 *Acanthopagrus latus*		√	
23 黑棘鲷 *Acanthopagrus schlegelii*		√	
十七、金钱鱼科 Scatophagidae			
24 金钱鱼 *Scatophagus argus*		√	
十八、丽鱼科 Cichlidae			
25 莫桑比克罗非鱼 *Oreochromis mossambicus*	√	√	
26 尼罗罗非鱼 *Oreochromis niloticus*	√	√	
27 吉利非鲫 *Tilapia zillii*			√
十九、塘鳢科 Eleotridae			
28 锯峤塘鳢 *Butis koilomatodon*		√	
29 黑点峤塘鳢 *Butis melanostigma*		√	
30 黑体塘鳢 *Eleotris melanosoma*	√	√	√
二十、鰕虎鱼科 Gobiidae			
31 阔头深鰕虎鱼 *Bathygobius cotticeps*	√		√
32 圆鳍深鰕虎鱼 *Bathygobius cyclopterus*			√
33 深鰕虎鱼 *Bathygobius fuscus*			√
34 纵带鹦鰕虎鱼 *Exyrias puntang*			√
35 裸项蜂巢鰕虎鱼 *Favonigobius gymnauchen*			√

续表

种类	青梅港	三亚河	铁炉港
36 斑纹舌鰕虎鱼 *Glossogobius olivaceus*		√	
37 尖鳍寡鳞鰕虎鱼 *Oligolepis acutipennis*		√	√
38 眼瓣沟鰕虎鱼 *Oxyurichthys ophthalmonema*	√		
39 触角沟鰕虎鱼 *Oxyurichthys tentacularis*			√
40 弹涂鱼 *Periophthalmus modestus*			√
41 爪哇拟鰕虎鱼 *Pseudogobius javanicus*		√	
42 须鳗鰕虎鱼 *Taenioides cirratus*		√	
43 暗缟鰕虎鱼 *Tridentiger obscurus*	√		
44 纹缟鰕虎鱼 *Tridentiger trigonocephalus*			√
二十一、攀鲈科 Anabantidae			
45 攀鲈 *Anabas testudineus*		√	
二十二、斗鱼科 Belontiidae			
46 叉尾斗鱼 *Macropodus opercularis*		√	
Ⅷ鲀形目 TETRAODONTIFORMES			
二十三、箱鲀科 Ostraciontidae			
47 无斑箱鲀 *Ostracion immaculatus*			√
二十四、鲀科 Tetraodontidae			
48 斑鳃叉鼻鲀 *Arothron immaculatus*		√	
49 横纹东方鲀 *Takifugu oblongus*	√		√
50 虫纹东方鲀 *Takifugu vermicularis*		√	
合计	13	28	26

6.2.2 鱼类多样性指数比较

根据我们的调查，Margalef 丰富度指数及 Shannon-Wiener 多样性指数都是三亚河最高，Pielou 均匀度指数及 Simpson 生态优势度指数都是青梅港最高，铁炉港最低（表 6-2）。

表 6-2 三亚各红树林区域鱼类多样性指数比较

	Margalef 丰富度指数 R	Shannon-Wiener 多样性指数 H'	Pielou 均匀度指数 J'	Simpson 生态优势度指数 Ds
青梅港	1.24	1.01	0.96	0.80
三亚河	1.90	1.35	0.65	0.66
铁炉港	1.75	0.93	0.42	0.43

6.3 三亚红树林区鱼类优势种

线纹鳗鲶 *Plotosus lineatus*

　　体延长，头部平扁，尾渐细。口须 4 对。第 1 背鳍及胸鳍各具 1 枚硬棘，第 1 背鳍及胸鳍鳍棘基部有白色毒腺组织，所分泌的毒液含有鳗鲶神经毒和鳗鲶溶血毒，一旦被刺到，会引起长达数十小时的抽痛、痉挛及麻痹等症状，甚至引起破伤风。分布于我国东海、台湾海域、南海，以及日本本州中部海域，澳大利亚海域，非洲和美国佛罗里达热带、亚热带水域。常生活于礁穴、河口海域、开放性沿海，为暖水性沿岸群栖鱼类。遇有外敌，常形成球状，称为"鲶球"，以求保护。以小型鱼虾为食。

线纹鳗鲶

前鳞鲅 *Liza affinis*

前鳞鲅

　　体长梭形，脂眼睑稍发达。背中线具一隆起棱脊。分布于我国黄海、东海、南海、台湾海域，以及日本北海道以南海域及琉球群岛海域、西太平洋水域。为暖水性浅海内湾鱼类，主要栖息于沿岸沙泥底质地形的海域，而河口区或红树林等半淡咸水海域亦常见其踪迹，亦常侵入河川下游。以底泥中有机碎屑或水层中的浮游生物为食，群栖性，常成群洄游，幼鱼在受到惊吓时，会有跃离水面的动作。为咸淡水习见养殖鱼类。

间下鱵　*Hyporhamphus intermedius*

体细长，头前方尖突，顶部及颊部平坦。下颌突出，延长成一平扁长喙。背鳍与臀鳍同形，起点几乎相对，后位。体背青绿色，腹侧银白色。分布于我国沿海，以及日本沿海、西北太平洋的温带、热带水域。为近海暖水性鱼类，栖息于中、上层水域，也生活于河口附近和进入淡水水域。

间下鱵

眶棘双边鱼　*Ambassis gymnocephalus*

体长椭圆形，侧扁。眼大，眼眶后上缘具 4～5 眶上棘。暖水性小型鱼类，分布于我国南海、台湾海峡，以及印度洋北部沿岸至菲律宾、印度尼西亚。主要栖息于沿岸、潟湖、沼泽或红树林。以水生昆虫、小型鱼及贝类为食。

眶棘双边鱼

橘点石斑鱼　*Epinephelus coioides*

体褐色，散布有红褐色斑点。体侧隐具 5 条暗褐色横带。分布于我国南海、台湾海峡，以及印度洋非洲东岸、红海，东至太平洋的菲律宾、印度尼西亚。

橘点石斑鱼

短棘鲾 *Leiognathus equulus*

短棘鲾

体卵圆形,侧扁而高,背鳍起点为身体的最高点。生活时体呈浅灰青色,吻端浅黑色,背缘至体中部有许多黑色窄横带。中小型食用鱼类。分布广,红海、印度洋、马来群岛、澳大利亚北部、我国台湾岛及南海等海域均有分布。主要栖息于沿岸沙泥底质水域,大多栖息于浅水域,水深在1~40m,有时会进入深水域,也有时会进入河口区。一般在底层活动觅食,肉食性,以底栖生物为食。

紫红笛鲷 *Lutjanus argentimaculatus*

体长椭圆形,侧扁。生活时全体紫红色,体背侧深红褐色,腹侧深红色;幼鱼则具7~8条银色横带。分布于我国东海、南海、台湾海域,以及日本南部海域、印度—西太平洋暖水域。为热带、亚热带近海近底层鱼类,喜栖息于贝壳、泥沙底质海区,或岩礁、珊瑚礁附近水深80m以内海区,有时进入河口或海湾。幼鱼会进入河口。摄食底栖动物。为食用鱼类。

紫红笛鲷

黑体塘鳢 *Eleotris melanosoma*

黑体塘鳢

体延长,粗壮,前部亚圆筒形,后部侧扁。体深棕色,头侧有黑色纹线。分布于我国珠江、海南沿岸河口水域、台湾沿岸河口水域,以及日本南部沿岸河口水域、菲律宾沿岸河口水域。为暖水性底层鱼类,栖息于河口及江河下游水域,也偶入淡水水域。喜栖息于泥沙、杂草和碎石相混杂的浅水区。摄食小鱼、小虾、水蚯蚓、摇蚊幼虫、水生昆虫和甲壳类。夜行性，白天多隐藏于石块、枯枝等沉积物中，冬季潜伏在泥沙底中越冬。亲鱼有守巢护卵的习性，直至幼鱼孵化为止。

深鰕虎鱼　*Bathygobius fuscus*

体延长，较粗壮。体色、斑纹变化较大，通常体棕褐色，头部灰棕色，体侧和项部具 5～6 条灰褐色横带或具不规则的横带与纵带交错的云斑纹。头及体部均有珠色小点，或体部的小点依鳞片排列呈纵纹状。分布于我国南海、台湾海域，以及日本南部海域，朝鲜半岛海域，太平洋、大西洋和印度洋暖水域。为暖水性沿岸浅水小型底层鱼类，常栖

深鰕虎鱼

息于潮间带砾石、海滩及珊瑚丛中的海域，退潮后在海滩上或岩石间残留的水洼内经常可见到。杂食性，以藻类、小鱼及底栖无脊椎动物为食。

纹缟鰕虎鱼　*Tridentiger trigonocephalus*

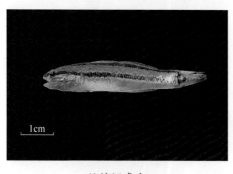

纹缟鰕虎鱼

体延长，前部略呈圆柱状，后部侧扁。吻前端圆突，吻长稍大于眼径。体浅褐色，背部色深。体侧常具 2 条黑褐色纵带。分布于我国沿海，以及日本海域、朝鲜半岛海域。为暖温性底层小型鱼类，生活于河口咸淡水水域及近岸浅水处。退潮后常栖息于海滩上残存的水洼及岩石间隙的水中，也进入江河下游淡水区或在水库及河流上游的小溪中生活。摄食体型较小的仔鱼、钩虾、枝角类及其他水生昆虫。

弹涂鱼　*Periophthalmus modestus*

体延长，侧扁，背缘平直，腹缘浅弧形。眼小，背侧位，位于头的前半部，互相靠近，突出于头的背面上。背鳍 2 个，分离，第 1 背鳍颇高，扇状。胸鳍尖圆，基部具臂状肌柄。左右腹鳍愈合成一心形吸盘。体棕褐色，第 1 背鳍黑褐色，边缘白色，近边缘处具一黑色纵带；第 2 背鳍中部具一黑色纵带，端部白

色，近基底处暗棕色。分布于印度洋北部沿岸至朝鲜、日本，我国沿海均产。为近岸暖温性小型底层鱼类，喜栖息于底质为淤泥、泥沙的高潮区或半咸水的河口滩涂，也分布于沿海岛屿及港湾。

弹涂鱼可利用其胸鳍和尾柄在海滩上爬行和跳跃，内鳃腔、皮肤和尾部可作为呼吸辅助器，只要身体湿润，便能较长时间露出水面生活。雄鱼在交配前，会在泥底下建造椭圆形的产卵室，并挖一条通道连接地面，然后在泥地上大跳求偶舞，情投意合便俩俩张口示好，雄鱼诱导雌鱼进入产卵室，并用泥土堵住口，然后进行交配产卵。产完卵后雌鱼离开，照顾鱼卵的工作由雄鱼负责。视觉灵敏，稍受惊动就很快跳回水中或钻入穴内。

弹涂鱼摄食浮游动物、昆虫、招潮蟹、沙蚕、桡足类、枝角类、底栖硅藻或蓝绿藻等。在晴天出穴跳跃活动于泥滩上觅食，在退潮时或者排干池水的池底，常看见弹涂鱼取食底栖藻类的情形，即下颚接触滩涂表面，像犁田似的，把头左右摇摆爬行前进而索食底栖藻类。是广温、广盐性鱼类，对恶劣环境的耐受能力较一般鱼类强。可食用，营养价值较高。

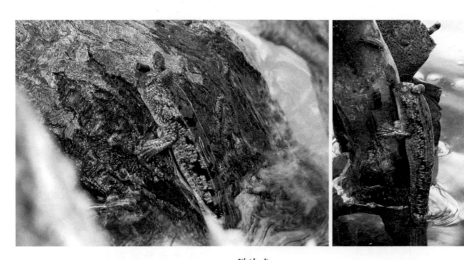

弹涂鱼

横纹东方鲀 *Takifugu oblongus*

体亚圆筒形，稍长，前部粗圆，向后渐细小；尾柄锥状，后端渐侧扁。体侧下缘皮褶发达。体被小皮刺，背部和腹部刺区在鳃孔前、胸鳍后均相连。体腔大，腹膜白色。鳔大。具气囊。体背暗绿色或红褐色，具10多条暗褐色和浅蓝色或白色相间的鞍状横带。横带在头部较窄，在躯干部宽。体背部常具许多小斑点。分布于我国南海、东海、台湾海域，以及日本南部海域、印度—西太平洋暖水域。为暖水性底层鱼类，栖息于近海中下层，可进入河口。春季由外海游向沿岸产卵，冬季移向外海，在外海下层越冬。肉食性，摄食软体动物、棘皮动物、甲壳类和鱼类。肝脏、卵巢有剧毒，皮、精巢和肉也有毒。

横纹东方鲀

第 7 章

三亚红树林鸟类

7.1　红树林鸟类的定义

红树林湿地的高度开放性和鸟类的强大空间移动能力，使得红树林湿地鸟类生态功能及行为的研究存在诸多困难。目前还没有发现有专一性的终生栖息于红树林的鸟类。大部分鸟类只是一天中的某个时候或一年中的某个季节在红树林湿地活动。普遍认为，只要在红树林湿地中出现的鸟类，虽然它们只是阶段性地使用了红树林生境，但都属于红树林鸟类。

7.2　红树林鸟类的生态类型

红树林既不同于陆地森林，又有别于一般的沼泽湿地，其孕育了特殊的鸟类群落。红树林（有林地）、林外滩涂、潮沟、浅水水域、鱼塘及其周边的灌草丛等组成了一个统一的红树林湿地生态系统。红树林茂密的树冠不仅为水鸟的栖息和筑巢提供了理想环境，也是一些陆鸟如橙头地鸫（*Zoothera citrina*）、海南蓝翁鸟（海南蓝仙鹟）（*Cyornis hainanus*）、大山雀等的理想栖息环境。红树林湿地是水鸟和陆鸟共存的生境，且陆鸟占了其群落组成的大部分，这是红树林湿地鸟类组成的一大特点。

根据鸟类的栖息、觅食和营巢等行为，将红树林鸟类分为 3 种生态类型：滩涂及水面鸟类、红树林及周边林地和草地鸟类、鱼塘和水沟鸟类。

（1）滩涂及水面鸟类

退潮时红树林林外滩涂及涨潮时红树林林外水面是其主活动场所，这一类鸟类是典型的水鸟。根据其体型和生活习性，可以分为涉禽和游禽两大类，前者包括鹭类和鸻鹬类，它们具有嘴长、腿长和颈长的特点，退潮时在红树林林外滩涂或浅水水域活动觅食，有追逐潮水的习性，但不能游泳；后者包括鸥类、鸭类和鸊鷉等，它们脚趾间有蹼，可以游泳。它们是红树林湿地的标志性鸟类，常以多个种类组成的混合群体出现，一个混合群体可多达数千只。白鹭、池鹭、大白鹭、黑腹滨鹬、铁嘴沙鸻和环颈鸻等为涉禽的代表种，而红嘴鸥（*Larus ridibundus*）与绿翅鸭（*Anas crecca*）等为游禽的代表种和优势种。涨潮时，林外滩涂被水淹没，涉禽因水太深而转移至鱼塘活动，也有部分鹭类在红树林树冠栖息，此时游禽则成为红树林林外滩涂的主角。

大白鹭
（照片提供：邹华胜）

红树林林外滩涂觅食的绿翅鸭
（照片提供：林清贤）

退潮时在红树林林外滩涂觅食的小白鹭和泽鹬
（照片提供：邹华胜）

林外滩涂觅食的池鹭
（照片提供：邹华胜）

（2）红树林及周边林地和草地鸟类

大部分红树林湿地鸟类的主要活动规律是：退潮时在林外滩涂和浅水水域觅食，涨潮时在红树林内栖息。此外，红树林也是鹭科鸟类的理想繁殖场所。红树植物密集的气生根对水鸟的活动造成了很大干扰，同时也为蟹类等躲避鸟类捕食

红树林是鹭科鸟类理想的栖息、繁殖场所（照片提供：林清贤）

红树林内的白鹭鸟巢

红树林内的绿翅鸭巢

海漆上的白头鹎

提供了良好的庇护所，因此，红树林内并不是水鸟理想的觅食场所。

红树林终年常绿，茂密的树冠也为一些森林鸟类提供了栖息和繁殖场所。珠颈斑鸠、白头鹎和暗绿绣眼鸟等可以在红树林内筑巢；一些种类如鹎属鸟类、八哥、白颈鸦（*Corvus torquatus*）、（山）鹪莺属鸟类、棕扇尾莺（*Cisticola juncidis*）、普通翠鸟等则常在红树林内栖息。

（3）鱼塘和水沟鸟类

我国的红树林陆地一侧常有大面积的鱼塘及排水沟，一些养殖鱼塘废弃后被芦苇（*Phragmites australis*）、短叶茳芏（*Cyperus malaccensis*）、水葱（*Schoenoplectus tabernaemontani*）等水生植物占据。这是红树林与陆地生态系统的过渡带，生境复杂多样，人类活动干扰大，鸟类也呈现多样化的特点。涨潮时，鹭类可以在鱼塘堤岸成群休息，水深较小的鱼塘也是白鹭等涉禽栖息和觅食的场所，鸭类和鸊鷉等游禽在人为干扰小的鱼塘觅食，翠鸟静静地守候在树桩或电线杆上，不时扎入水中觅食，鸢翱翔于红树林上空，而暗绿绣眼鸟等在草丛中觅食。该区域是水鸟和非水鸟的混合栖息地。

刘一鸣等（2015）对广东雷州红树林区越冬鸻鹬类时空分布格局进行了研究，发现越冬鸻鹬类分布以滩涂生境和养殖塘生境为主（图 7-1）。由此可见，人为活动频繁的红树林陆地一侧的鱼塘湿地也是水鸟活动的主要场所。

守候的普通翠鸟（照片提供：卢刚）

红树林内淡水湿地活动的野鸭和鹭类（照片提供：卢刚）

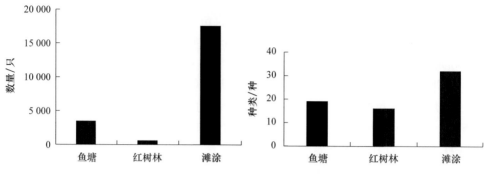

图 7-1　广东雷州红树林区越冬鸻鹬类时空分布格局
（调查时间：2010 至 2014 年冬季）（刘一鸣等，2015）

7.3　红树林鸟类的特点

红树林是鸟类繁殖与越冬的良好场所。一方面，红树林为鸟类提供了良好的栖息条件和丰富的食物；另一方面，鸟类在红树林生态系统的能量流动与物质转换及维持湿地稳定性方面起着重要作用。红树林（有林地）、林外滩涂、浅水水域、潮沟及邻近的鱼塘、林地等组成一个异质性特别高的复合生境；红树林生态系统的高初级生产力为其中的鱼、虾、蟹、贝及多毛类提供了丰富的食物来源，这使得红树林湿地中的鸟类食物异常丰富。因此，红树林湿地的鸟类多样性远远高于邻近其他类型的湿地。

红树林是全球迁徙水鸟的重要停歇地和繁殖地，在国际性水鸟保护协定中红树林湿地的作用是不可或缺的一环。中国东南沿海的红树林湿地是全球候鸟迁徙路线上重要的停歇地和越冬地。亚洲东部沿海鸟类迁徙路线和中西伯利亚—中国中部的内陆鸟类迁徙路线在这一带交汇后，再继续往南延伸至东南亚和澳大利亚。在迁徙季节，大量候鸟途经红树林湿地，在此歇息取食、休整一段时间后再继续迁飞。同时，也有大量冬候鸟在红树林区越冬，红树林区丰富的食物资源和隐蔽条件保障了这些候鸟的越冬安全。

此外，鸟类在红树林生态系统中处于较高的营养级层次，其觅食、排泄、营巢和育雏等行为在能量流动、物质循环及维护生态系统稳定性方面起着重要的作用，且对较低营养级地位物种的生物量起到重要的调节作用。食虫和食鼠的鸟类可以控制昆虫特别是害虫与鼠类的种类及数量。食虫鸟以红树林为觅食区，控制红树林害虫的发生，有利于红树林植物的正常生长，例如，候鸟黑卷尾在每年的迁徙过程中会途经广西北仑河口红树林区，它们专门吃害虫柚木驼蛾（*Hyblaea puera*），对消灭当地红树林的虫灾起到了重要作用。

7.4　三亚红树林湿地鸟类

何斌源等（2007）根据已有的文献，对中国红树林湿地的鸟类做了汇总，记录有 19 目 58 科 421 种，占我国鸟类总数（1331 种）的 31.6%。中国红树林湿地面积占国土面积的不到万分之一，但超过 30% 的鸟类在红树林中有记录。红树林湿地是水鸟和陆鸟共存的生境，421 种鸟类中有水鸟 177 种、陆鸟 244 种，分别占 42.0% 和 58.0%。

鸟类学家周放等（2010）对我国红树林湿地的鸟类进行了更细致的总结，并出版了专著《中国红树林区鸟类》，这是我国首部红树林鸟类专著。该书共记录我国红树林湿地鸟类 20 目 72 科 445 种，其中水鸟 173 种，占红树林鸟类总数的 38.9%。该比例远高于全国水鸟类占鸟类总数 21.2% 的水平，说明红树林湿地是水鸟活动的主要生境（周放等，2010）。水鸟以鸻形目种类最多，占 20.7%，其中鹬鸻类占的比例最大；其次是雁形目和鹳形目鸟类，分别占 6.7% 和 5.2%，其中鸭科和鹭科占的比例最大（周放等，2010）。鹭类和鹬鸻类是我国红树林常见的优势种。

随着调查范围的扩大、调查频次的增加和调查时间的延长，我国红树林湿地鸟类物种数必将不断增加，目前已经突破 500 种（内部资料）。中国红树林湿地水鸟和非水鸟种类数见表 7-1。

表 7-1　中国红树林湿地水鸟和非水鸟种类数

地点	水鸟	非水鸟	水鸟比例 /%	文献
中国	173	272	38.9	周放等，2010
中国	177	244	42.0	何斌源等，2007
福建沿海	101	110	47.9	周放等，2010
福建泉州湾	38	41	48.1	陈若海，2014
福建厦门东屿	55	42	56.7	林清贤等，2005
福建厦门凤林	51	34	60.0	林清贤等，2002
福建漳江口	80	74	51.9	林鹏等，2001
台湾沿海	120	105	53.3	周放等，2010
广东沿海	129	127	50.4	周放等，2010
广东雷州	59	54	52.2	张苇等，2007
广东雷州	71	62	53.4	邹发生等，2008
广东深圳福田	79	55	59.0	陈桂珠等，1997
广东深圳福田	54	65	45.4	王勇军等，1993

地点	水鸟	非水鸟	水鸟比例/%	文献
广东珠海淇澳岛	18	45	28.6	彭逸生等，2008
广西沿海	145	198	42.3	周放等，2010
广西北海合浦山口	11	21	34.4	周放等，2000
广西北仑河口	130	148	46.8	苏搏，2018，内部资料
海南沿海	97	78	55.4	周放等，2010
海南海口东寨港	52	66	44.1	常弘等，1999
海南海口东寨港	45	33	57.7	邹发生等，2001
海南海口东寨港	41	24	63.1	冯尔辉等，2012
海南文昌清澜港	31	21	59.6	邹发生等，2000
海南三亚	44	67	39.6	谢乔等，2016
海南三亚青梅港	21	29	42.0	李仕宁等，2011
海南三亚铁炉港	26	24	52.0	王文卿等，2015

7.4.1 海南红树林湿地鸟类

根据周放等（2010）的统计，海南红树林鸟类共有 17 目 45 科 175 种，其中水鸟 97 种，占总数的 55.4%。水鸟以鸻形目鸟类（65 种）最多，陆鸟以雀形目鸟类（48 种）最多。在 175 种鸟类中，迁徙鸟类 87 种，占海南红树林鸟类总数的 49.7%。海南红树林区的鸟类中，以鹭类、鹬鸻类、鸭类和椋鸟的数量最多。

近年来，随着海南鸟类调查的不断深入，尤其是成立于 2015 年的海南观鸟会为主导的观鸟活动，大大推动了海南红树林鸟类调查，新记录鸟类不断增加。

7.4.2 三亚红树林湿地鸟类

三亚处于东亚—澳大利亚鸟类迁徙路线上，每年逾 5000 万只水鸟通过该迁飞区完成迁徙。每逢春秋，迁徙的水鸟利用此处的海滩进行停歇补给，为下一程做好能量储备。此外很多种类如雁鸭类、鹭类等会在三亚度过整个冬天。三亚红树林湿地鸟类资源十分丰富，根据谢乔等（2016）的《三亚红树林鸟类》、李仕宁等（2011）于 2009 年 2 月对三亚青梅港红树林鸟类的调查、李麒麟等（2014）于 2013 年 9 月至 2014 年 5 月对三亚市白鹭公园的调查及海南观鸟会 2015 年 12 月 3 日和 2015 年 12 月 7～9 日对三亚铁炉港红树林市级自然保护区鸟类的调查，共记录鸟类 15 目 45 科 122 种（表 7-2）。青梅港和三亚河被列为海南岛 14 个水鸟越冬地优先保护地（张国钢等，2006）。

表 7-2　三亚红树林鸟类名录

种类	种类
Ⅰ 䴙䴘目 PODICIPEDIFORMES	21 黑鸢 *Milvus migrans*
一、䴙䴘科 Podicipedidae	八、隼科 Falconidae
01 小䴙䴘 *Tachybaptus ruficollis*	22 红隼 *Falco tinnunculus*
Ⅱ 鹈形目 PELECANIFORMES	Ⅵ 鸡形目 GALLIFORMES
二、鸬鹚科 Phalacrocoracidae	九、雉科 Phasianidae
02 普通鸬鹚 *Phalacrocorax carbo*	23 中华鹧鸪 *Francolinus pintadeanus*
Ⅲ 鹳形目 CICONIIFORMES	24 原鸡 *Gallus gallus*
三、鹭科 Ardeidae	Ⅶ 鹤形目 GRUIFORMES
03 苍鹭 *Ardea cinerea*	十、秧鸡科 Rallidae
04 池鹭 *Ardeola bacchus*	25 白胸苦恶鸟 *Amaurornis phoenicurus*
05 牛背鹭 *Bubulcus ibis*	26 白骨顶 *Fulica atra*
06 绿鹭 *Butorides striata*	27 黑水鸡 *Gallimula chloropus*
07 大白鹭 *Ardea alba*	Ⅷ 鸻形目 CHARADRIIFORMES
08 黄嘴白鹭 *Egretta eulophotes*	十一、反嘴鹬科 Recurvirostridae
09 白鹭 *Egretta garzetta*	28 黑翅长脚鹬 *Himantopus himantopus*
10 中白鹭 *Egretta intermedia*	十二、鸻科 Charadriidae
11 岩鹭 *Egretta sacra*	29 环颈鸻 *Charadrius alexandrinus*
12 栗苇鳽 *Ixobrychus cinnamomeus*	30 金眶鸻 *Charadrius dubius*
13 黄斑苇鳽 *Ixobrychus sinensis*	31 铁嘴沙鸻 *Charadrius leschenaultii*
14 夜鹭 *Nycticorax nycticorax*	32 蒙古沙鸻 *Charadrius mongolus*
四、鹮科 Threskiornithidae	33 美洲金鸻 *Pluvialis dominica*
15 黑脸琵鹭 *Platalea minor*	34 金鸻 *Pluvialis fulva*
Ⅳ 雁形目 ANSERIFORMES	十三、鹬科 Scolopacidae
五、鸭科 Anatidae	35 矶鹬 *Actitis hypoleucos*
16 白眉鸭 *Anas querquedula*	36 黑腹滨鹬 *Calidris alpina*
Ⅴ 隼形目 FALCONIFORMES	37 红颈滨鹬 *Calidris ruficollis*
六、鹗科 Pandionidae	38 长趾滨鹬 *Calidris subminuta*
17 鹗 *Pandion haliaetus*	39 青脚滨鹬 *Calidris temminckii*
七、鹰科 Accipitridae	40 扇尾沙锥 *Gallinago gallinago*
18 褐耳鹰 *Accipiter badius*	41 针尾沙锥 *Gallinago stenura*
19 日本松雀鹰 *Accipiter gularis*	42 灰尾漂鹬 *Heteroscelus brevipes*
20 黑翅鸢 *Elanus caeruleus*	43 黑尾塍鹬 *Limosa limosa*

续表

种类	种类
44 白腰杓鹬 Numenius arquata	67 小白腰雨燕 Apus affinis
45 中杓鹬 Numenius phaeopus	68 棕雨燕 Cypsiurus balasiensis
46 鹤鹬 Tringa erythropus	XIII 佛法僧目 CORACIIFORMES
47 林鹬 Tringa glareola	十九、翠鸟科 Alcedinidae
48 青脚鹬 Tringa nebularia	69 普通翠鸟 Alcedo atthis
49 白腰草鹬 Tringa ochropus	70 斑鱼狗 Ceryle rudis
50 泽鹬 Tringa stagnatilis	71 蓝翡翠 Halcyon pileata
51 红脚鹬 Tringa totanus	72 白胸翡翠 Halcyon smyrnensis
52 翘嘴鹬 Xenus cinereus	二十、蜂虎科 Meropidae
十四、燕鸥科 Sternidae	73 栗喉蜂虎 Merops philippinus
53 须浮鸥 Chlidonias hybrida	二十一、佛法僧科 Coraciidae
54 白腰燕鸥 Sterna aleutica	74 三宝鸟 Eurystomus orientalis
55 普通燕鸥 Sterna hirundo	XIV 戴胜目 UPUPIFORMES
56 黑枕燕鸥 Sterna sumatrana	二十二、戴胜科 Upupidae
IX 鸽形目 COLUMBIFORMES	75 戴胜 Upupa epops
十五、鸠鸽科 Columbidae	XV 雀形目 PASSERIFORMES
57 珠颈斑鸠 Streptopelia chinensis	二十三、百灵科 Alaudidae
58 山斑鸠 Streptopelia orientalis	76 小云雀 Alauda gulgula
59 火斑鸠 Streptopelia tranquebarica	二十四、燕科 Hirundinidae
X 鹃形目 COLUMBIFORMES	77 家燕 Hirundo rustica
十六、杜鹃科 Cuculidae	二十五、鹡鸰科 Motacillidae
60 八声杜鹃 Cacomantis merulinus	78 红喉鹨 Anthus cervinus
61 小鸦鹃 Centropus bengalensis	79 树鹨 Anthus hodgsoni
62 褐翅鸦鹃 Centropus sinensis	80 田鹨 Anthus richardi
63 四声杜鹃 Cuculus micropterus	81 白鹡鸰 Motacilla alba
64 噪鹃 Eudynamys scolopaceus	82 灰鹡鸰 Motacilla cinerea
65 绿嘴地鹃 Phaenicophaeus tristis	83 黄鹡鸰 Motacilla flava
XI 夜鹰目 CAPRIMULGIFORMES	二十六、山椒鸟科 Campephagidae
十七、夜鹰科 Caprimulgidae	84 赤红山椒鸟 Pericrocotus flammeus
66 林夜鹰 Caprimulgus affinis	二十七、鹎科 Pycnonotidae
XII 雨燕目 APODIFORMES	85 白头鹎 Pycnonotus sinensis
十八、雨燕科 Apodidae	二十八、伯劳科 Laniidae

续表

种类	种类
86 红尾伯劳 *Lanius cristatus*	105 灰眶雀鹛 *Alcippe morrisonia*
87 棕背伯劳 *Lanius schach*	106 黑喉噪鹛 *Garrulax chinensis*
二十九、卷尾科 Dicruridae	三十七、扇尾莺科 Cisticolidae
88 发冠卷尾 *Dicrurus hottentottus*	107 黄腹山鹪莺 *Prinia flaviventris*
89 黑卷尾 *Dicrurus macrocercus*	108 纯色山鹪莺 *Prinia inornata*
三十、椋鸟科 Sturnidae	三十八、莺科 Sylviidae
90 八哥 *Acridotheres cristatellus*	109 极北柳莺 *Phylloscopus borealis*
91 家八哥 *Acridotheres tristis*	110 褐柳莺 *Phylloscopus fuscatus*
92 黑领椋鸟 *Gracupica nigricollis*	111 黄眉柳莺 *Phylloscopus inornatus*
93 灰背椋鸟 *Sturnia sinensis*	三十九、绣眼鸟科 Zosteropidae
94 灰椋鸟 *Sturnus cineraceus*	112 暗绿绣眼鸟 *Zosterops japonicus*
95 丝光椋鸟 *Sturnus sericeus*	四十、山雀科 Paridae
三十一、燕鵙科 Artamidae	113 苍背山雀 *Parus cinereus*
96 灰燕鵙 *Artamus fuscus*	114 大山雀 *Parus major*
三十二、鸫科 Turdidae	四十一、啄花鸟科 Dicaeidae
97 鹊鸲 *Copsychus saularis*	115 纯色啄花鸟 *Dicaeum concolor*
98 蓝矶鸫 *Monticola solitarius*	四十二、花蜜鸟科 Nectariniidae
99 黑喉石䳭 *Saxicola torquata*	116 叉尾太阳鸟 *Aethopyga christinae*
100 乌鸫 *Turdus merula*	117 黄腹花蜜鸟 *Cinnyris jugularis*
三十三、鹟科 Muscicapidae	四十三、雀科 Passeridae
101 北灰鹟 *Muscicapa dauurica*	118 麻雀 *Passer montanus*
102 乌鹟 *Muscicapa sibirica*	四十四、梅花雀科 Estrildidae
三十四、扇尾鹟科 Rhipiduridae	119 斑文鸟 *Lonchura punctulata*
103 白喉扇尾鹟 *Rhipidura albicollis*	120 白腰文鸟 *Lonchura striata*
三十五、王鹟科 Monarchinae	四十五、鹀科 Emberizidae
104 黑枕王鹟 *Hypothymis azurea*	121 黄胸鹀 *Emberiza aureola*
三十六、画眉科 Timaliidae	122 灰头鹀 *Emberiza spodocephala*

注：本表根据谢乔等（2016）的《三亚红树林鸟类》、李仕宁等（2011）于 2009 年 2 月对三亚青梅港红树林鸟类的调查、李麒麟等（2014）于 2013 年 9 月至 2014 年 5 月对三亚市白鹭公园的调查、海南观鸟会 2015 年 12 月 3 日和 2015 年 12 月 7～9 日对三亚铁炉港红树林市级自然保护区鸟类的调查结果整理而来

青梅港

青梅港是海南岛 14 个水鸟越冬地优先保护地（张国钢等，2006）。李仕宁等（2011）于 2003～2009 年冬季对青梅港红树林鸟类开展了连续多次的调查，共记录鸟类 11 目 23 科 50 种，其中水鸟 21 种，占 42.0%，陆地栖息鸟类 29 种，占 58.0%。常见种有褐翅鸦鹃、小白鹭、池鹭、棕背伯劳、鹊鸲、八哥、家燕、白头鹎、暗绿绣眼鸟等。国家 II 级重点保护鸟类有岩鹭、（黑）鸢、黑翅鸢、褐耳鹰、日本松雀鹰、原鸡、褐翅鸦鹃等。被列入 CITES 公约附录 II 的有（黑）鸢、黑翅鸢、褐耳鹰、日本松雀鹰等 4 种。被列入《中国濒危动物红皮书》上的鸟类有 5 种，其中黑翅鸢、原鸡、褐翅鸦鹃等 3 种为易危种，岩鹭、褐耳鹰等 2 种为稀有种。

三亚河

2013 年 9 月至 2014 年 5 月，李麒麟等（2014）对三亚市白鹭公园鸟类的种类和数量进行了调查，共记录到鸟类 4 目 15 科 29 种。优势种为小白鹭、家燕和灰背椋鸟，分别占所调查鸟类个体数的 15.9%、14.4% 和 14.1%。常见种有八哥、白头鹎、青脚鹬、大白鹭、鹊鸲、林鹬、矶鹬、暗绿绣眼鸟、家八哥、中白鹭、池鹭和丝光椋鸟等，黄（斑）苇鳽、戴胜、灰眶雀鹛、牛背鹭和麻雀等罕见。

三亚河及其周边的白鹭公园被认为是白鹭天堂。三亚河被判定为海南岛 14 个水鸟越冬地优先保护地（张国钢等，2006）。

三亚市白鹭公园一角

涨潮时在三亚河河岸红树林栖息的白鹭

铁炉港

2015 年 10 月 3 日、2015 年 12 月 7~9 日，海南观鸟会对铁炉港南北两侧的沿岸鸟类进行了全面调查，共记录鸟类 12 目 24 科 50 种。优势种为家燕、须浮鸥和棕背伯劳。铁炉港的鸟类主要以水鸟为主，记录到水鸟 25 种，占所记录鸟

三亚铁炉港亟待修复的退化红树林

类总数的 50.0%；依赖湿地的鸟类 4 种，占总数的 8.0%；而陆栖鸟类占 42.0%。在 25 种水鸟中，有迁徙鸟类 18 种，占水鸟数的 72.0%。可见铁炉港是水鸟，尤其是迁徙水鸟的重要停歇地及越冬地，有着非常重要的保护意义。

榆林港

榆林港红树林是三亚唯一没有被纳入自然保护区的红树林湿地。大面积的盐田、茂密的红树林和广阔的林外滩涂为鸟类活动创造了理想环境。2015 年，在榆林港共调查到鸟类 117 种，以雀形目（29 种）和鸻形目（27 种）最多。这些鸟类中有珍稀保护鸟类 17 种，国家 II 级重点保护鸟类 14 种，被列入《中国濒危动物红皮书》的有 10 种，被列入 CITES 公约附录 II 的有 31 种。水鸟以鹭类和鸻鹬类为主，优势种包括白鹭、青脚鹬、泽鹬、环颈鸻、金眶鸻、长趾滨鹬等（谢乔等，2016）。

涨潮时在三亚榆林港红树林周边鱼塘栖息的鹭类

7.4.3 三亚红树林鸟类的保护与管理

2000 年，国家林业局和中国野生动物保护协会授予三亚市"护鸟爱鸟模范城市"称号。三亚河、青梅港和铁炉港等 3 个红树林自然保护区的设立和白鹭公园的建设，客观上对三亚红树林鸟类的保护起到了基础性的作用。但是，包括三亚在内的我国绝大部分红树林湿地鸟类的保护与管理还处于非常基础的阶段。虽然大规模的捕杀鸟类事件预警很少发生，但对鸟类的保护及管理基本还停留在种类和数量的统计阶段。人们对鸟类栖息地的管理、鸟类救护、人工喂食等方面基本是空白的。

保护区周边的管理

鉴于红树林湿地的高度开放性和鸟类强大的移动能力，在红树林鸟类的管理上，不仅要关注红树林湿地本身，还要对保护区周边进行适当的主动干预。道路、城镇和鱼塘已经成为我国红树林自然保护区陆地一侧的主要景观类型，多数红树林自然保护区的核心区与非保护区只隔一个海堤，来自保护区外围的噪声、灯光、垃圾、污水必将对红树林湿地产生一系列影响，这种影响对鸟类显得尤为严重。而来自海洋一侧的运输船舶、渔船和滩涂作业人员，也会对鸟类造成很大干扰。因此，必须对保护区外围的人为活动进行适当的主动干预。《中华人民共和国自然保护区条例》（2011 年 1 月）第三十二条规定："在自然保护区的外围保护地带建设的项目，不得损害自然保护区内的环境质量；已造成损害的，应当限期治理。"这给主动干预奠定了法律基础。

三亚是我国唯一的热带海滨旅游城市，已经成为我国滨海度假旅游发展的标杆和示范城市。与此相对应，三亚的城市格局具有明显的沿海岸线带状分布的特点（刘俊，2009）。作为热带亚热带海湾河口的特殊生态系统，被认为是全球最具科普教育和生态旅游价值的自然景观，红树林周边区域的城市化首当其冲。三亚河两岸已经完全城市化，青梅港红树林周边也已经被酒店和别墅所包围，榆林港红树林周边也正在快速城市化，铁炉港红树林周边正在计划大的建设项目。急剧的城市化不仅直接破坏了大面积的红树林，还对残留的红树林湿地生态系统的结构和功能产生了严重影响。1958～2008 年，三亚河红树林面积减少了 92.0%（王丽荣等，2010）。虽然现在对红树林直接的破坏如砍树、打鸟的情况已经很少发生，但一些隐性的破坏还在持续，若不加以控制，三亚红树林的退化将不可逆转。

红树林食虫鸟中 90.0% 以上是陆鸟，红树林仅是食虫鸟觅食生境之一，它们大多不在红树林内夜宿和筑巢繁殖，但必须在红树林周围选择其他适合自己的生境栖息、夜宿和繁殖。当城市建设使红树林周边的这些生境遭到破坏后，陆鸟不得不迁走他处。近年来，红树林旁高层建筑对鸟类活动的影响越来越明显。几乎所有的鸟类都有警觉距离，由于鸟类在空中盘旋时警觉距离较大，因此，对人类的活动和建筑物，特别是高层建筑非常敏感（徐友根和李崧，2002）。

海南西海岸某地红树林边的楼盘　　　三亚河河边的高层建筑对三亚河红树林
鸟类活动造成了干扰

　　水鸟具有活动范围大、对生境质量要求高、对人为干扰敏感等特点。鹭类的雏鸟属于晚成鸟，容易被捕食，而且鹭类具有集群繁殖的行为，目标大，容易被捕食动物或人类发现。繁殖期间，鹭科鸟类对噪声、活动物体和灯光非常敏感。厦门曾经有 17 个鹭类营巢地，受城市化影响，5 年间丧失了 36.0%（王博等，2005）。

　　光是影响鸟类行为最重要的环境条件之一。自然光变化是鸟类判断昼夜、季节的主要参照对象，其直接影响到候鸟的换羽、繁殖及迁飞。夜间人工光照不仅干扰鸟类在栖息地的正常休息，还会误导其对季节及迁徙时机的判断，严重干扰其夜间迁徙飞行中对于方向及障碍物的判断。迁徙候鸟明视觉感知十分发达，在非自然光环境，诸如闪烁、变色、低显色性的光照下，更易出现异常反应行为。在高压钠灯光照下的灰文鸟（*Padda oryzivora*）和虎皮鹦鹉（*Melopsittacus undulatus*）显得极为暴躁，更易躁动并飞扑撞击笼子（马剑等，2016）。

　　随着生态保护意识的觉醒，"城市黑天空保护区"的理念逐步得到认同。为了减少对野生动物尤其是鸟类的干扰，在城市照明规划确定的黑天空保护区内，仅允许设置必要的功能性照明路灯，禁止使用漫射光、半截光灯具，必须使用截光型路灯灯具，杜绝照向天空的逸散光。《杭州市城市照明管理办法（征求意见稿）》划定了城市黑天空保护区。2014 年，浙江杭州对宝石山的夜景灯光节能优化改造中就用到了这种理念。在诸如美国纽约曼哈顿、加拿大多伦多等照明发达城市地区，已经开始实行候鸟迁徙季节的城市关灯措施，降低对候鸟夜间迁徙的干扰（马剑等，2016）。对三亚而言，无论是城市照明规划、建筑的景观照明设计，还是生态公园的夜间照明，都需要考虑对鸟类的可能影响。同时，避免在红树林周边有过高的建筑物，以免干扰水鸟活动。

水鸟栖息地的管理

香港米埔是珍稀濒危水鸟黑脸琵鹭的主要越冬地之一，每年有 400 多只黑脸琵鹭在米埔越冬。为了给黑脸琵鹭的活动留出足够的空间，香港米埔自然保护区在黑脸琵鹭到来前的几周，人工清除鱼塘堤岸上的杂草和灌木。在夏季，适当提高基围鱼塘的水位以抑制水生植物在鱼塘开阔区的过度生长，为黑脸琵鹭的到来做好准备。当黑脸琵鹭到来后，则将鱼塘水位适当调低，以便黑脸琵鹭栖息和觅食。与此同时，在基围鱼塘内人工堆填一些小岛，以提高生境异质性。

高潮位栖息地

红树林林外滩涂和陆地一侧的鱼塘是水鸟的主要活动区域。涨潮时，大部分滩涂被水淹没，水鸟无处觅食；退潮时，滩涂上渔民的捕捞作业对水鸟的活动造成了很大的干扰。为了给水鸟的觅食营造空间，近年来，一种名为"高潮位栖息地"的生境改造手段逐步得到推广。其主要做法是：通过人工手段控制临近红树林的鱼塘水位，使其能够满足水鸟的基本要求，为涨潮时水鸟的栖息和觅食营造空间。国内高潮位栖息地的做法最早来自香港米埔自然保护区，目前已经先后在福建漳江口、广州南沙和深圳福田推广，取得了明显效果。

滩涂捕捞对水鸟的栖息和觅食造成了很大干扰

福建漳江口红树林国家级自然保护区的高潮位栖息地

由于鹭类与鸻鹬类和鸥类觅食对水深的需求不一，高潮位栖息地一般由多个鱼塘组成，各个鱼塘的水位不一。香港米埔自然保护区根据鸟类的季节变化，通过控制同一鱼塘在不同季节的水位，以满足不同类群水鸟的栖息、觅食和繁殖需求。

三亚市白鹭公园内湖的改造中也采用了类似高潮位栖息地的做法。由于湖水和海水的交换不畅，内湖不断淤积且水质恶化，使得湖中的鱼虾大大减少，白鹭无处觅食。针对上述问题，通过开挖两处水道恢复内湖水系与河道的密切联系，以达到改善水质和引入游泳动物的目的；同时通过湖底清淤降低局部标高，并分设深浅不一的深水区、中深水区和浅水区，以满足不同鸟类的需求。事实证明，这种做法达到了预期效果。

红树林林外滩涂的管理

当前，国内不少红树林修复工程片面强调红树林面积的增加，将红树林外的光滩作为人工造林的主要场所。光滩造林不仅因淹水时间过长导致苗木生长困难，还侵占了鸟类的觅食地。红树林林外滩涂底栖动物丰富，是水鸟的主要觅食场所。三亚青梅港红树林因适合水鸟觅食的滩涂比例太小，为了快速恢复2011年因灾死亡的红树林，2012年引入了外来树种拉关木，其强大的繁殖能力和扩散能力进一步侵占了滩涂，压缩了水鸟的觅食空间。这是青梅港红树林水鸟多样性低的主要原因。除此之外，近年来我国红树林林外滩涂的贝类养殖业发展很快，滩涂作业对鸟类觅食也造成了很大的干扰。

因此，充分了解林外滩涂的功能，减少人为活动对鸟类觅食场所的侵占和觅食活动的干扰，是三亚红树林保护面临的主要难题。

7.5 其他

7.5.1 岩鹭：三亚红树林的"隐者"

学名：*Egretta sacra*，英文名：Pacific Reef Heron，鹭科白鹭属，俗名黑鹭。体长60～70cm，有两种色型——白色和灰色，前者稀少，后者较常见。白色型全身白色，脸部裸露的皮肤黄绿色，眼睛和嘴黄色，背部羽毛延伸至尾的基部，腿淡绿色。灰色型全身灰色，从颏、喉至前颈有一白线，嘴褐灰色。

岩鹭主要分布于东半球西南太平洋的热带沿岸地区，少部分可延伸到温带地区。我国海南（包括南海岛屿）、台湾、香港、广东、福建、浙江和山东均有分布。

岩鹭喜欢栖息于远离人类活动的基岩海岸和海岛，对人类活动十分敏感。我国东南沿海的岛屿是它们理想的栖息地。除繁殖期间以小群体活动外，大部分时间单独活动。常停留于水边岩礁上，捕食鱼类、虾蟹和软体动物。退潮时也可以到砂砾质海岸滩涂觅食。它们可长时间站着不动，与黑褐色的岩礁石浑然一体。

岩鹭每年4～6月繁殖，营巢于海岛岩壁的缝隙或平台上，也有在树上或低矮的灌木上营巢的。它的巢较为简陋，通常由枯枝和草茎构成盘状。每窝产卵2～5枚，卵淡青色或淡绿色。

岩鹭数量十分稀少，为世界级濒危鸟类，被列入《中国濒危动物红皮书》，是国家Ⅱ级重点保护动物，并被中国和澳大利亚两国政府定为候鸟保护协定的保护鸟类。2004年4～8月，江航东等对福建沿海南起东山县龙屿，北至福鼎市星仔列岛14个县市的57个近海岛屿和列岛的调查，在11个岛上发现了岩鹭，但总个体数量仅为42只，其中在漳浦菜屿列岛的青草屿发现巢7个，有14只成鸟和5只雏鸟（江航东等，2005）。2003年6月11日，三亚市林业部门从蜈支洲岛非法捕鸟的渔民手中救出96只岩鹭幼鸟和200多枚鹭蛋，后又孵出2只小鸟（海南日报2003年6月27日消息）。这是我国境内迄今为止记录到的最大岩鹭群体。三亚青梅港2003～2009年均有岩鹭记录，但个体数量很少（李仕宁等，2011）。2015年12月，海南观鸟会在铁炉港记录到岩鹭2只。至今我国还没有岩鹭数量的确切记录。

岩鹭（照片提供：林清贤）

7.5.2 黄嘴白鹭：一个美丽而青涩的错误

2000 年，国家林业局、中国野生动物保护协会、海南省林业局和三亚市政府联合在三亚举办了"爱鸟护鸟南北行"全国爱鸟周启动仪式。在启动仪式上，国家林业局和中国野生动物保护协会授予三亚市"护鸟爱鸟模范城市"称号，同时三亚市将三亚河红树林市级自然保护区设立为"三亚河黄嘴白鹭等鸟类自然保护区"。至今，还有不少人认为黄嘴白鹭是三亚的市鸟。

黄嘴白鹭又名白老、唐白鹭。身体纤瘦细长，夏季嘴橙黄色，脚黑色，趾黄色，体态轻盈，一身乳白色的羽毛，2 枚细长的冠羽如辫子迎风飘扬，显得高贵而优雅。

黄嘴白鹭曾经是中国南部沿海的常见鸟类，根据其英文名 "Chinese Egret" 就可判断我国是黄嘴白鹭的主要栖息地。黄嘴白鹭于 1860 年在福建厦门被发现，厦门是其模式标本产地。它曾经广泛分布于我国辽宁至南海岛屿，主要繁殖于俄罗斯远东、朝鲜半岛、我国东部（Hoyo *et al.*，1992）。沿海岛屿是其主要的繁殖地（陈小麟，2011），也有在内陆地区繁殖的报道。我国北至山东（海驴岛），南至香港和台湾均有黄嘴白鹭繁殖的记录。

每年 4 月和 11 月进行春秋两季的迁徙活动。以各种小型鱼类、虾、蟹、蝌蚪和水生昆虫等为食，常于退潮时在红树林林外滩涂中边走边觅食。我国福建漳江口、广东深圳福田、广东湛江、广西北仑河口和海南东寨港等地的红树林均有黄嘴白鹭活动的记录。1986～1988 年，广东省林业厅组织的广东和海南鸟类资源调查，曾经在东寨港记录到黄嘴白鹭 200 只（邓且燮等，1989）。

黄嘴白鹭现在已经非常稀少，为世界级珍稀濒危鸟类，全球总数量2000～3400 只。它是国家 II 级重点保护动物，《中国濒危动物红皮书》（1998）将其列为濒危种（EN），《中国物种红色名录》将其列为近危种（NT），而 IUCN 将其列入易危种（VU）。滨海湿地面积下降、滩涂养殖活动对其觅食的干扰和捡拾鸟卵是 1980 年以来黄嘴白鹭种群数量急剧下降的主要原因。

黄嘴白鹭因繁殖期黄色的嘴而得名，但是，并不是所有嘴黄色的鹭类都是黄嘴白鹭。黄嘴白鹭的嘴也不是一直都是黄色的，冬季黄嘴白鹭的嘴变为暗褐色。事实上，牛背鹭及非繁殖期的大白鹭和中白鹭的嘴均为黄色，甚至岩鹭白色型类群的嘴也是黄色。加上黄嘴白鹭有与其他鹭类混群觅食和营巢繁殖的习性，使其不易与其他鹭类区分。杨帆等（2012）报道三亚河和青梅港的红树林有大量的黄嘴白鹭栖息，仅青梅港红树林冬季的黄嘴白鹭种群数量就达 200 只以上。我们认为这是鉴定错误，三亚河和青梅港的黄嘴白鹭并没有被鸟类研究者承认。而李麒麟等（2014）于 2013 年 9 月至 2014 年 5 月对三亚河鸟类的调查，没有发现黄嘴白鹭。将三亚河设为黄嘴白鹭自然保护区、认为三亚的市鸟是黄嘴白鹭等一方面体现了三亚人对黄嘴白鹭的热爱和保护生态的强烈愿望，同时也说明三亚在科学保护生态方面还有很长的路要走。这是一个美丽而青涩的错误。

黄嘴白鹭（照片提供：林清贤）　　嘴为黄色的大白鹭
　　　　　　　　　　　　　　　　　（照片提供：邹华胜）

7.5.3　三亚市市鸟：白鹭

　　白鹭身体修长，体态轻盈，通身洁白似雪。繁殖季节枕部有两条狭长而柔软形如辫子的繁殖羽，再加上肩和胸部的蓑羽，更显得楚楚动人。休息时常一脚缩于腹下，仅以一脚"金鸡独立"。白鹭是我国最具代表性的湿地鸟类之一，也是一种充满乡土气息的水鸟。白鹭大量出现于文学作品中，如"西塞山前白鹭飞""一行白鹭上青天""争渡，争渡，惊起一滩鸥鹭"等不胜枚举。白鹭是三亚的市鸟，也是山东济南、福建厦门、湖南吉首、海南儋州、台湾台中等城市的市鸟。

　　白鹭常栖息于河口、湖泊、沼泽、鱼塘、水田等湿地，以鱼、虾、蟹、蛙类和昆虫为食。白鹭不会游泳，发挥其嘴长、腿长和颈长的优势，在浅水水域涉水觅食。在红树林湿地，退潮时白鹭常在水边涉水捕食，涨潮时在红树林内休息。在树上筑巢，南方海岸常见的木麻黄、相思树、朴树等均是其理想的筑巢场所。我国福建、广东、广西均有白鹭在红树植物上筑巢的记录。鹭鸟是湿地生态系统中的重要指示物种，是国际上公认的生态监测鸟，它们总是栖息在生态环境较好的地方。

　　狭义的白鹭仅指鹭科白鹭属的小白鹭，又名白鹭、白鹭鸶、白翎鸶。广义的白鹭指鹭科白鹭属的大白鹭、中白鹭、小白鹭、黄嘴白鹭和雪鹭 5 种，它们共同的特征是身体修长，通体白色。

　　在三亚，大部分白鹭是候鸟。10 月前后从北方陆续飞抵三亚过冬，翌年 4 月

大白鹭（照片提供：邹华胜）

又飞回北方的繁殖地。也有部分白鹭在三亚长期居留。除岩鹭外，大部分鹭科鸟类不在三亚繁殖。退潮的时候在红树林林缘滩涂觅食，涨潮时在红树林内休息。目前没有白鹭在三亚红树林内筑巢的记录。贯穿于三亚市区的三亚河和临春河沿岸的红树林为白鹭创造了理想的栖息环境，再加上新建的白鹭公园，吸引了大量白鹭。三亚河及白鹭公园被称为鹭鸟天堂。

中白鹭（照片提供：邹华胜）

小白鹭（照片提供：邹华胜）

第 8 章

红树林的保护

8.1　中国红树林的保护

2000 年以来，随着人们对红树林价值的逐步认识、环境保护意识的提高和法治的健全，对红树林直接的、大规模的破坏已经很少发生，大部分红树林被纳入保护区范围。随着沿海居民生产生活燃料问题的逐步解决，砍伐红树林作薪材的情况已经很少发生，围垦、毁林养殖也得到了制止，城市化和港口、码头的建设对红树林的破坏也有相应的补偿措施。

加强红树林保护与管理的重要措施之一是建立自然保护区。自 1975 年香港米埔红树林湿地被指定为自然保护区，1980 年建立东寨港省级红树林自然保护区以来，中国对红树林的保护工作日趋完善。至今，我国已经建立了以红树林为主要保护对象的自然保护区近 30 个（不包括台湾淡水河口、关渡和香港米埔），其中国家级自然保护区 6 个（海南 1 个、广西 2 个、广东 2 个、福建 1 个）。保护区总面积约 6.50 万 hm^2，其中红树林面积约 1.65 万 hm^2，占中国现有红树林总面积的 74.8%，远远超过全世界 25% 的平均水平。可以说，红树林是我国保护力度最大的自然生态系统。此外，海南东寨港、广东湛江、香港米埔、广西山口、广西北仑河口和福建云霄等红树林湿地被列入国际重要湿地名录。这些保护区的建立，对中国红树林的保护起到了积极的推动作用。

此外，近年来，除红树林自然保护区外，一种兼顾红树林保护和湿地资源开发利用的湿地公园、海洋特别保护区及海洋公园逐步得到重视。已经批准的与红树林相关的有：广西北海滨海国家湿地公园、广东海陵岛红树林国家湿地公园、广东雷州九龙山红树林国家湿地公园、浙江乐清西门岛海洋特别保护区、广东湛江特呈岛国家级海洋公园等。此外，海南海口东寨港三江、文昌八门湾、三亚榆林港、三亚宁远河、儋州新盈湾等都在筹划建设红树林湿地公园。

8.2 海南红树林的保护

与海南岛丰富的红树林自然资源相对应，海南相关部门在红树林保护、管理与修复的政策法规、技术和理念方面都走在了全国前列。2014 年 4 月 11 日，国务院总理李克强在考察海南东寨港红树林时说"环保也是生产力，希望政府和村民一起保护好这片红树林，用生态旅游带动当地经济的健康发展"。2014 年 4 月 4 日，海南省提出了"规划控制，立法保护，科学修复，合理利用，社会监督，造福子孙"的 24 字方针。这不仅给东寨港红树林的保护、管理与利用指明了方向，也给整个海南岛红树林的保护、管理与利用定了调，由此海南掀起了一股红树林保护、恢复与利用的热潮。

我们总结了一些海南红树林保护、管理与利用的成功经验和失败的教训，仅供参考。

（1）海南红树林自然保护区建设走在全国前列。

海南东寨港国家级自然保护区是我国成立的第一个以红树林湿地生态系统为主要保护对象的国家级自然保护区，也是我国第一批列入国际重要湿地名录的 7 个湿地之一。中国红树林看海南，海南红树林看东寨港。东寨港红树林的保护与恢复，在我国具有风向标的作用。2006 年，海南东寨港国家级自然保护区被国家林业局评为示范保护区。

目前，海南已经建立以红树林湿地及其栖息生物为主要保护对象的自然保护区 11 个，其中国家级自然保护区 1 个，省级自然保护区 2 个，县市级自然保护区 7 个，国家湿地公园 1 个（表 8-1）。超过 90% 的天然红树林都已经被纳入自然保护区范围，超过全国 74.8% 的平均水平。

表 8-1 海南与红树林有关的自然保护区和湿地公园

保护区名称 / 湿地公园名称	所在地	面积 / hm²	红树林面积 / hm²	级别	成立 / 批准 时间
海南东寨港国家级自然保护区	海口	3337	1733	国家级	1986
海南新盈红树林国家湿地公园	儋州	507	126.9	国家级	2016
海南清澜省级自然保护区	文昌	2948	1223.3	省级	1981
海南东方黑脸琵鹭省级自然保护区	东方	1429	250	省级	2006
海南三亚青梅港红树林市级自然保护区	三亚	92.6	50.2	县市级	1989
海南三亚河红树林市级自然保护区	三亚	343.8	14.0	县市级	1989
海南三亚市铁炉港红树林市级自然保护区	三亚	292	4.3	县市级	1999
海南儋州东场红树林市级自然保护区	儋州	696	478.4	县市级	1986

续表

保护区名称 / 湿地公园名称	所在地	面积 / hm²	红树林面积 / hm²	级别	成立 / 批准 时间
海南儋州新英湾红树林市级自然保护区	儋州	115	79.1	县市级	1992
海南澄迈花场湾红树林自然保护区	澄迈	150	150	县市级	1995
海南临高彩桥红树林自然保护区	临高	350	85.8	县市级	1986

（2）海南是我国最早有文字记载保护红树林的省区。

乾隆五十四年（1789 年）的琼山林市村的《林市村志》载有"禁砍茄椗①十条"，对红树林的保护、毁坏红树林的处罚及罚金的使用作出了明确规定。这是我国最早有文字记载的保护红树林的乡规民约。此外，离林市村不远的三江农场有一立于道光二十五年（1845 年）的"奉官立禁"古碑，刻有"……吾今思地陷空暇，粮米无归，要众助力茄椗以扶村长久，奉官禁谕戒顽夫于刀斧损伤，特为遵照……"。从碑文内容看，先民对红树林防浪护堤、保护村庄农田的功能有相当程度的认识。文昌头莞松马村也有一块立于光绪十四年（1888 年）刻有保护红树林的乡规民约的古碑。这些文字记载说明，中国是世界上最早制定红树林保护管理规定的国家，而海南是我国最早有文字记载保护红树林的省区。

（3）海南是我国最早制定省级红树林保护管理规定的省区。

为保护红树林，1998 年，海南省颁布实施了《海南省红树林保护规定》，这是我国最早也是目前唯一的保护红树林的省级规定。该规定的出台，对海南岛红树林的保护与管理起到了基础性的作用。海南省人大常委会对该规定进

"奉官立禁"古碑

---

① 茄椗：海南、台湾及福建闽南地区称呼红树林的方言

行立法跟踪评估后认为，各级政府在红树林保护、恢复和发展方面投入不足，部分毁坏红树林的违法行为还未得到有效遏制。经过 2004 年、2011 年两次修订后，修订草案于 2011 年 9 月 1 日正式颁布生效。修订草案强化了政府在红树林保护和管理中的职责，规定将红树林的保护、建设和管理经费纳入财政预算，建立红树林资源档案，适时公布红树林资源状况，同时还界定了红树林的产权，并明确禁止在红树林自然保护区内从事畜禽养殖和水产养殖。《三亚市红树林保护管理办法》也于 2007 年颁布实施。

（4）海南是第一个将大部分红树植物列为省级重点保护植物的省区。

根据 IUCN 的地区标准，我国珍稀濒危红树植物种类比例高达 50%，但我国仅将红榄李和水椰列为国家 II 级和 III 级重点保护植物。因此，哪怕是破坏野外个体数量不超过 100 株的极度濒危植物卵叶海桑，也会因缺乏处罚依据而得不到应有的惩罚。

根据生态省建设和海南省野生动植物保护新形势的需要，在大量摸底调查的基础上，2006 年，海南省林业厅重新修订了《海南省省级重点保护野生动物名录》，并制定了《海南省省级重点保护野生植物名录》。这两份名录基本涵盖了海南省除国家级重点保护野生动植物外其他珍稀的、生态价值和经济价值都很高的

海南省重点保护红树植物名录

野生动植物，大部分真红树植物和部分半红树植物均被列入了《海南省省级重点保护野生植物名录》。新名录的制定与颁布，规范了野生动植物资源的管理，加强了野生动植物的保护力度，为海南省今后野生动植物资源的利用与开发提供了法律和科学依据。建议下一次修订时增加木果楝、玉蕊和莲叶桐等种类。

（5）在海南东寨港国家级自然保护区范围外划定外围保护地带。

海南东寨港拥有我国连片面积最大、种类最齐全、保存最完整的红树林。由于紧邻海口，被誉为"海口之肾"，是海口一处经典的城市景点和靓丽的生态名片。但是，近年来周边社会经济快速发展尤其是养殖业排污给东寨港红树林带来了很大压力，红树植物规模性死亡、生物多样性下降，红树林退化明显。

一个典型的自然保护区，一般可划分为核心区、缓冲区和实验区（图 8-1）。核心区是自然保护区的精华所在，是保存完好的天然状态的生态系统及珍稀、濒危动植物的集中分布地。核心区外围可以划定一定面积的缓冲区，只准进入从事科学研究观测活动。缓冲区外围划为实验区，可以进入从事科学实验、教学实习、参观考察、旅游，以及驯化、繁殖珍稀、濒危野生动植物等活动。《中华人民共和国自然保护区条例》第十八条规定："原批准建立自然保护区的人民政府认为必要时，可以在自然保护区的外围划定一定面积的外围保护地带。"

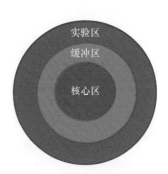

图 8-1　中国自然保护区
示意图

由于历史原因，我国的红树林保护区中有相当一部分核心区外围没有设置缓冲区和实验区，核心区和非保护区往往只隔一条海堤。这给保护区的管理带来了诸多问题。

2014 年 3 月 28 日召开的海口市十五届人大常委会第二十次会议通过了《关于加强东寨港红树林湿地保护管理的决定》。根据该决定，海口市将在海南东寨港国家级自然保护区外围划定面积约 4700hm² 的保护地带，从而形成保护区的核心区、缓冲区、实验区，以及外围保护水域、红树林湿地景观控制区和万亩红树林湿地公园等六大区域。这是我国第一个设置外围保护地带的红树林自然保护区，具有很好的示范作用。

与此同时，相关部门开展了东寨港国家级自然保护区环境综合整治工作，全面取缔了保护区范围内的集约化咸水鸭养殖，关闭了部分污水处理不达标的养猪场。2014 年，东寨港开始实施迄今为止国内最大规模的退塘还林工程，将海南东寨港国家级自然保护区红线范围内的鱼塘虾池全部实施退塘还林。东寨港的水污染问题得到了初步缓解，水质明显改善。此外，海口市政府计划将 20 世纪 70

年代围垦红树林而成的三江农场的万亩滩涂水产养殖区实施退养还林，建设三江红树林湿地公园。

2015年以来，东寨港的退塘还林已经由保护区范围内向保护区周边推进，文昌清澜港、儋州新盈湾、三亚铁炉港等地都已经或计划开展不同规模的退塘还林工程。退塘还林工程已经成为海南恢复红树林的主要手段。

红树林内侧的大面积鱼塘

海水养殖鱼塘是红树林的主要污染源

东寨港的退塘还林

（6）海南是我国开展珍稀濒危红树植物异地保护最成功的省区。

从20世纪80年代开始，海南东寨港国家级自然保护区就对我国的珍稀濒危红树植物开展了大规模的迁地保护工作，成功地从文昌清澜港和陵水新村等地引种红榄李、海南海桑、卵叶海桑、木果楝、瓶花木、正红树、尖叶卤蕨、拟海桑、杯萼海桑、莲叶桐和海滨猫尾木等珍稀濒危种。目前，我国的绝大部分珍稀濒危红树植物在东寨港都得到了较好的异地保护。

东寨港引种的卵叶海桑
结果情况

东寨港引种的红榄李

东寨港引种的正红树

东寨港引种的海南海桑

（7）海南红树林育苗技术全国领先。

2000 年以来，经过多年的探索，海南东寨港国家级自然保护区已经攻克了国内绝大部分红树植物的育苗技术难题，尤其是海南海桑、卵叶海桑等疑难树种的育苗难题。2014 年，海南师范大学和海南东寨港国家级自然保护区已经攻克了红榄李的育苗难题。到目前为止，除瓶花木和水芫花外，所有真红树植物和半红树植物的育苗技术都已被掌握。

正红树育苗（三亚铁炉港）

老鼠簕扦插育苗

国家Ⅲ级重点保护植物水椰育苗

国家Ⅱ级重点保护植物红榄李育苗

莲叶桐育苗

水芫花种子发芽实验（照片提供：钟才荣）

（8）海南东寨港咸水鸭事件。

红树林区家禽养殖是提高林区居民收入的有效方式，中国南海沿海地区居民在红树林内放养家禽有悠久的历史。红树林不仅给鸭子的活动提供了理想场所，而且红树林内丰富的底栖生物还可以作为鸭子的理想食物。早在2007年，我们对广东、广西和海南红树林区的家禽养殖情况进行了初步调查，认为养殖模式的优化、养殖容量的控制问题应该引起注意（王文卿和王瑁，2007）。

海口市美兰区有关部门在 2006 年 10 月建立了东寨港海鸭省级农业标准化示范区，2007 年成为海口市重点科技项目，2008 年 8 月升级为国家级标准化示范区，初步发展为具有地方生态及养殖特色的"演丰（红树林）海鸭"品牌。2008年 7 月，海口市质量技术监督局接连制定、发布了《演丰咸水鸭管理技术规程》和《演丰咸水鸭肉产品质量要求》两项地方标准。地方政府号召红树林区周边居民养殖海鸭。然而 2008 年以来，海鸭养殖区的红树林陆续出现了死亡现象，引起了相关部门的高度重视，一度成为热点新闻。2010 年 4～6 月，海口市政府、美兰区政府和海南东寨港国家级自然保护区管理局连续发布三道禁令，禁止在东寨港国家级自然保护区养鸭，养鸭场必须搬迁。2011 年 3 月，厦门大学科研团队针对海鸭养殖对红树林的影响开展了系列调研，对比了养殖区与非养殖区红树植物群落结构、红树林苗木生长情况、底栖动物多样性、土壤及水质等指标，发现集约化的海鸭养殖对养殖区及周边红树林造成了明显危害，养殖区红树植物幼苗和成年植株的死亡率都明显高于非养殖区；海鸭养殖还破坏了红树林底栖动物的生存环境，导致养鸭区底栖动物的种类、密度和生物量下降。此调研结果成为东寨港取缔红树林区咸水鸭养殖的主要依据。2012 年 5 月 29 日，海南东寨港国家级自然保护区管理局以原告身份向海口市中级法院递交民事诉状，起诉海鸭养殖大户李某，要求其停止在保护区内养鸭，拆除养殖设施，恢复原状，承担诉讼费用。这是海南省第一起环境公益诉讼案，案件最后以养殖户主动退养而得到调解。2013 年，东寨港红树林区的海鸭养殖被全面取缔。

海鸭养殖区红树植物苗木全部死亡　　　　海鸭养殖区周边红树植物大批死亡

当初地方政府在推广示范区、制定养殖标准和推广集约化海鸭养殖模式时，充分考虑了鸭子的成活率和经济效益，养殖户获得了很好的收益，但没有考虑对红树林生态环境的影响，没有考虑自然保护区的相关规定，在养殖模式优化、养殖容量控制方面考虑不周。东寨港咸水鸭事件，给海南省红树林保护、管理和利用敲响了警钟。事实上，如果能够在养殖模式和养殖容量上进行科学安排，采取低密度放养方式，在尽量减少对红树林干扰的同时获得高质量的海鸭蛋，在非红树林自然保护区范围进行海鸭养殖并不是不可行的，在这方面广西防城港就有很好的经验可循。

红树林海鸭养殖　　　　　　　　　　红树林海鸭蛋（照片提供：刘毅）

（9）清澜港八门湾和东寨港红树林木栈道。

红树林作为世界上生态旅游价值最高的自然生态系统，在林区开展生态旅游是红树林开发利用的主要方式。

2011年，穿越清澜港红树林的八门湾绿道建成并投入使用。八门湾绿道建成后受到旅游者的青睐，一度成为文昌生态旅游的代言者。但由于该绿道穿越清澜港红树林的最精华部分，且在绿道的建设与维护、游客行为的引导与规范、红

八门湾绿道莫名其妙的介绍牌说明旅游开发者对红树林了解甚少

树林解说系统等方面存在诸多问题而广受批评，被一些国内外专家作为红树林低层次旅游开发的反面典型。

2014 年，海南东寨港红树林木栈道建成。该木栈道的建设标准远远高于八门湾绿道，为了尽量减少对红树林的破坏，木栈道围着红树林建，成为世界上第一个全部建于红树林林缘的木栈道。该木栈道建成后因建设标准高、体量大、便于观景而受到游客的好评。但是，由于该木栈道建在鸟类觅食的关键区域——食物最丰富的红树林林缘，对红树林湿地鸟类活动造成了不可逆的干扰，受到了不少批评。

东寨港红树林木栈道

以上事实说明，海南红树林保护、管理与利用，任重道远。

8.3 三亚红树林的保护

为了保护三亚的红树林，三亚市分别于 1989 年、1989 年和 1999 年建立了青梅港红树林市级自然保护区、三亚河红树林市级自然保护区和铁炉港红树林市级自然保护区。青梅港红树林市级自然保护区规划面积 92.6hm^2，红树林面积 50.2hm^2，是三亚市连片面积最大的红树林；位于市区的三亚河红树林市级自然保护区，规划面积达 343.8hm^2，现有红树林面积约 14.0hm^2；铁炉港红树林市级自然保护区面积 292hm^2，其中红树林面积 4.3hm^2。榆林河沿岸的红树林是三亚唯一没有被纳入保护区的天然红树林。三亚 93.7% 的天然红树林已经被纳入自然保护区，超过了海南 90% 的平均水平。

2014 年以来，三亚的红树林保护工作迎来了历史上少有的黄金时期。随着公众生态保护意识的提高、宣传力度的加大，对红树林保护的力度也越来越大。2015 年 5 月 8 日，由联合国开发计划署 / 全球环境基金"海南省湿地保护体系项目"组织的三亚市红树林湿地保护修复研讨会在三亚召开，林业、海洋、规划、环保、水利、旅游等部门的领导参加了研讨会。中国生态学学会红树林生态专业委员会秘书长、厦门大学环境与生态学院王文卿教授以自己多年对三亚红树林的调研结果为素材，以"红树林保护、修复和利用"为题做了报告，各部门就三亚红树林的保护、修复和利用问题开展了极具针对性的讨论。2016 年 4 月，由中国城市规划设计研究院编制的《三亚市红树林生态保护与修复规划（2015—2025）》通过专家评审。目前，三亚已经形成一个从政府到民间、从立法保护到经费保障、从技术支持到科普宣传的多维红树林保护体系。

虽然三亚得天独厚的自然条件孕育了中国最具热带特色的红树林，是中国最美的城市红树林，其物种多样性、古老性和强大给人留下了深刻的印象，但由于历史原因，三亚红树存在一些不容忽视的问题，这些问题如果得不到重视，三亚红树林的保护还要走很多弯路。三亚红树林面临的问题主要有以下几个。

面积小而分散

总面积仅 74.1hm^2 的红树林分布于青梅港、三亚河、铁炉港和榆林港 4 个地点，亚龙湾青梅港红树林为三亚连片面积最大的红树林，面积也只有 50.2hm^2。除面积小外，现有红树林还存在林带狭窄及断带的天然缺陷，三亚河、铁炉港和榆林港的红树林林带宽度均小于 60m。三亚红树林保护区总面积 728.4hm^2，仅有红树林 68.5hm^2，红树林面积占保护区总面积的 9.4%，远远低于中国红树林自然保护区 25.5% 的平均水平。三亚红树林面积小的先天缺陷不仅使现有红树林对外来干扰的抵御能力大大降低，也阻碍了其生态系统服务功能的充分发挥。

三亚河断带的红树林

缺乏红树林保护的三亚榆林河河岸

污染严重

虽然经过多方的努力，三亚河的水质已经大为改善，但三亚红树林面临的污染问题依然严重。青梅港、三亚河、铁炉港和榆林港的红树林都面临不同程度的

堆积于三亚河红树植物根系的垃圾　　　　三亚河漂浮垃圾

三亚河河岸的排污口　　　　三亚铁炉港红树林内漂浮的垃圾

垃圾污染问题，而三亚河与青梅港还面临较严重的水污染问题。若不采取有效措施，铁炉港和榆林港红树林也将面临水污染的问题。

三亚红树林保护站多次组织政府志愿者清理铁炉港红树林内的垃圾，三亚河也配备了船只专门清理漂浮垃圾。但是，如果不采取措施有效控制漂浮垃圾的源头，红树林终将成为漂浮垃圾的"归宿"。

基础资料缺乏

除了青梅港红树林自然保护区和铁炉港红树林自然保护区分别于2009年和2015年开展过短时间应急性的综合科考外，三亚的红树林自然保护区至今没有进行过全面的、系统的科学考察，更没有长期的定位研究。红树林是世界上开放程度最高的自然生态系统，对外界环境变化非常敏感，需要长期的定点、定时、定方法和定人跟踪调查，才能够摸清保护区的基本情况和动植物资源变化情况，采取有针对性的保护措施。目前除红树种类和群落结构外，三亚红树林保护区内的鸟类、昆虫、底栖动物、鱼类等生物多样性尚没有明确数据。可以说，目前对三亚红树林保护区的基本情况缺乏基本的认知，在这种情况下，何来科学保护与科学管理！

保护区边界不明，管理体制没有理顺

土地确权和边界的确定是保护区的生命线。从三亚成立第一个红树林自然保护区到现在，20多年过去了，除青梅港红树林市级自然保护区的边界在2009年得到确定外，铁炉港红树林市级自然保护区的面积、功能区划、边界和土地确权工作至今没有落实。三亚河红树林市级自然保护区由于位于城市中心，红树林面积小，在管理上一直游走于自然保护区和城市公园之间，至今没有保护区总体规划，没有核心区、缓冲区和实验区的划分，也没有详细的综合考察，大部分陆地区域按照城市公园模式管理，这给红树林保护与管理留下了许多隐患。因此，迫

三亚铁炉港红树林自然保护区没有界桩　　　　三亚河红树林自然保护区的界桩

切需要实施三亚河红树林市级自然保护区和铁炉港红树林市级自然保护区的总体规划编制工作，为三亚红树林的长远规划及保护提供制度保障。

值得说明的是，由于青梅港红树林自然保护区地处旅游胜地——亚龙湾，保护区周边有数十家高规格酒店。三亚市林业局与亚龙湾股份开发有限公司签订合作框架协议，委托该公司负责亚龙湾青梅港红树林的日常管护，实行社区、属地共管，达到了比较好的效果。

人为破坏时有发生

2009～2010 年，铁炉港红树林经历了一次较为严重的破坏。一些人未经许可在红树林林外滩涂挖塘养殖。虽然此事得到及时制止，但已经给红树林造成了严重破坏。2011 年，亚龙湾青梅港湾口施工便道的修建阻碍了青梅港与外海的水体交换通道，青梅港内暴雨引发的洪水无法及时外排，长时间淡水浸泡导致红树林大面积死亡。

三亚铁炉港红树林 2010 年被破坏后的情况（照片提供：施苏华）

2011 年三亚青梅港红树林死亡事件

如今，随着三亚红树林管理措施的逐步完善，一些规模性的红树林破坏事件已经被杜绝，但小规模、小范围的破坏仍时有发生。在青梅港和铁炉港，周边社区居民经常进入保护区捕捞经济动物，渔船和游船也经常未经允许进入保护区，一些大型牲畜也经常光顾红树林。同时，三亚红树林保护区周边的房地产开发、市政工程、污水废弃物的排放等，都对红树林造成了一定程度的破坏。在三亚调查期间，我们目睹了一些对红树林的破坏：

2011年我们在青梅港发现的三亚唯一的拉氏红树，不久便被砍伐。

三亚河两岸的一些红树植物上挂上了夜景照明设备（已经拆除）。

青梅港有人在红树林滩涂埋垃圾。

青梅港有快艇深入红树林区干扰鸟类活动。

青梅港保护区有人进入核心区挖贝类（主要是红树蚬）。

铁炉港常有牛羊进入红树林啃食红树植物树叶。

铁炉港的红榄李古树被砍枝。

榆林港有人剥取红树植物树皮及砍伐枝条。

……

以上情况说明，三亚红树林的保护还有很多工作要做。

被刮皮的正红树（三亚榆林河东岸）　　　木果楝古树大枝被砍伐（三亚榆林河东岸）

整个红树林海岸景观格局已经被改变

红树林海岸的基本地貌单元是：红树林潮滩（即通常所指的红树林或有林地）、林外裸滩、潮沟等，它们与林外浅水海域（低潮时水深不超过6m）共同构成了红树林湿地生态系统。林外裸滩、潮沟及浅水海域在维持红树林湿地生态系统结构和功能的稳定性方面具有不可替代的作用。榆林港原有的大面积红树林已经被鱼塘和盐田所取代，现有的红树林仅为榆林河沿岸狭长的林带，林带总长度不超过 4km，平均林带宽度不超过 15m，最宽处只有 60m。三亚河河岸为城市道路或绿地，青梅港红树林陆地一侧则完全被酒店和道路包围。红树林与陆地生态系统之间缺乏自然过渡，这样的红树林对全球变化和人类活动的影响极为敏感。

三亚河的红树林已经失去了其自然属性，成为公园植物的一员

红树林林外滩涂是底栖动物主要的活动空间，更是湿地鸟类的主要觅食场所，但由于城市扩张对空间的盲目需求，三亚河、榆林港和青梅港的红树林林外滩涂被极大压缩，退潮时裸露的滩涂面积有限，极大地影响了红树林湿地生物多样性的维持功能。此外，不加控制的城市夜景工程也对鸟类的栖息造成了负面影响。

外来种问题

为了丰富三亚的红树植物种类，相关单位引进了原产印度与孟加拉国的无瓣海桑和原产墨西哥的拉关木。这两个种因适应性强、生长速度快、容易栽培而成为我国红树林人工造林的最主要树种。目前，引种的无瓣海桑和拉关木不仅生长速度快，还能够大量繁殖后代，对三亚原生红树植物产生了很大的竞争优势。拉关木在铁炉港和青梅港已经大量扩散。2015 年 3 月，我们在铁炉港发现了自然扩散的无瓣海桑。如果不采取有效措施，三亚红树林的自然属性和景观格局将发生根本性的改变，也将对鸟类的栖息与觅食、底栖动物的多样性造成长远的影响。

事实上，三亚的红树植物种类已经足够丰富，没有必要再冒风险引进外来种。此外，我国相关法律禁止在自然保护区引进外来种。国家环境保护部（现生态环境部）2003 年 1 月 13 日专门下文《关于加强外来入侵物种防治工作的通知》（环发〔2003〕6 号），明确规定"严禁在自然保护区、风景名胜区和生态功能保护区以及生态环境特殊和脆弱的区域从事外来物种引进和应用"。2015 年，环境保护部印发了《关于做好自然生态系统外来入侵物种防控监督管理有关工作的通知》（环发〔2015〕59 号），强调："要强化对自然保护区和生物多样性保护优先区域的外来入侵物种的调查、监测、控制和清除等工作的监督管理。"2014 年 9 月 29 日，海南省人大常委会颁布了新修订《海南省自然保护区管理条例》，第三十七条明确规定"禁止任何单位和个人在自然保护区内引入、应用转基因生物和外来物种"。

拉关木的累累果实

三亚青梅港拉关木自然繁殖苗

三亚铁炉港自然扩散的拉关木

三亚青梅港拉关木人工林

鱼藤危害

　　鱼藤别名三叶鱼藤，为蝶形花科多年生常绿攀缘灌木，耐盐、耐水湿，为典型的滨海植物，常生长于潮汐能到达的淤泥质滩涂或泥质堤岸。我国海南、广东、广西、福建、香港和台湾有天然分布。鱼藤可提取鱼藤酮，是三大植物性农药之一。

鱼藤是红树林林缘常见的伴生植物，早期在海南文昌清澜港和东寨港红树林区均表现正常，没有危害红树林。我们在 1993 年和 1999 年的调查中也没有发现鱼藤危害三亚河红树林。但是最近的调查发现在榆林河中游西岸、三亚河西河均存在严重的鱼藤危害，鱼藤已经严重危害红树林。在福建云霄漳江口红树林国家级自然保护区，鱼藤也对红树林造成了严重危害。鱼藤攀爬于红树植物的树冠上，影响红树植物叶片正常的光合作用，导致红树植物的衰退和死亡，人工清理后枯死的枝叶也严重影响了景观。就目前而言，鱼藤是榆林港及三亚河红树林最主要的非人为威胁。

鱼藤危害（三亚榆林河中游西岸）　　　　鱼藤清理后残留的枝叶（三亚河）

退化明显

近年来，虽然三亚相关部门在红树林保护和恢复方面下了很大力气，成效明显，尤其是及时查明了 2011 年铁炉港红树林大规模死亡的原因，并采取了针对性的人工恢复措施，但是，在人类活动和全球气候变化的双重影响下，三亚红树林仍然退化明显，以红树植物衰退或死亡为表现方式的红树林退化没有得到根本扭转。目前，三亚红树林中基本未受干扰的原生植被仅占 15.6%，三亚红树林的主体是人为干扰很大或有明显人为干扰的次生林（71.6%），人为干扰极大的残次林占总面积的 12.8%。

三亚的红树林呈现明显的衰退状态。拉氏红树、水椰、小花老鼠簕和尖叶卤蕨已经在三亚灭绝。铁炉港的最后 1 株也是全国最大的瓶花木也于 2011 年死亡。红榄李、玉蕊、长梗肖槿和银叶树的野外个体数量均不超过 20 株，已经处于功能灭绝状态。青梅港的木果楝古树全部死亡。古树老树的死亡和树种多样性的下降，不仅大大降低了其观赏价值，也必然导致红树林生态系统服务功能的下降。

2005 年（左）与 2015 年（右）三亚铁炉港同一株木果楝表面根对比

2008 年（左）和 2011 年（右）三亚铁炉港全国最大的海莲古树对比

宣传教育缺位，科技支撑缺乏

复杂、脆弱和生态系统服务功能高是红树林湿地生态系统的主要特点，而红树林的保护、开发与利用都离不开对红树林生态系统结构、功能和过程的了解。由不熟悉、不了解导致的不敢作为和胡乱作为，是我国红树林湿地资源保护、开发与利用面临的主要问题。与国内其他红树林自然保护区相比，有关三亚红树林的学术论文明显偏少（图 8-2），这表明对三亚红树林的保护、开发与利用缺乏科技支撑。迫切需要相关部门在引进外部力量的同时，加强对三亚本地红树林科技人才的培养，以及对三亚红树林湿地资源现状、结构和功能开展系统的调研。

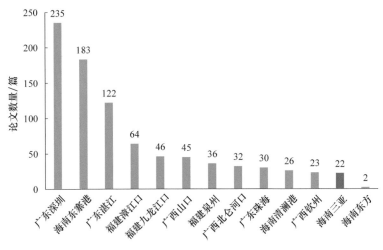

图 8-2　中国各红树林自然保护区学术论文数量（数据库：CNKI，截至 2015 年 6 月）

　　三亚具有国内最好的红树林宣传教育资源。2011 年以来，三亚在红树林的宣传教育方面取得了很大的成绩。三亚市林业局在铁炉港、三亚河等地都设置了大型宣传栏，对三亚红树林的保护起到了一定的宣传效果。近年来，三亚有大量的中小学生、企事业单位参与了红树林种植、垃圾清理及科普活动，取得了很好的效果。三亚本土的一些民间机构，尤其是三亚蓝丝带海洋保护协会也成为三亚红树林保护的中坚力量。三亚已经形成一个从政府到民间的红树林保护体系。

三亚河的大型红树林科普宣传栏

虽然三亚各界在红树林宣传教育方面做了很多的工作。但是，这些工作与深圳、湛江、厦门和北海等地的相比，与三亚红树林面临的严峻局面相比，与海南省和三亚市的定位相比，与三亚红树林的丰富多彩相比，还远远不够。科普宣传栏内容的科学性、文字表达和艺术性都有很大的提升空间。

此外，国内外几乎所有开展红树林生态旅游的地方均配备与其规模相当的科普馆、宣教中心或博物馆，三亚迫切需要一个集科学性、趣味性、观赏性及参与性于一体的红树林宣教馆。

第 9 章

三亚红树林的修复和利用

　　红树林保护、修复和利用的水平，是一个国家或地区生态文明建设水平的标志之一。红树林湿地在维持三亚市的海湾、河口生态平衡中具有不可替代的作用。近年来，在城市扩张、围塘养殖等外界压力下，三亚红树林面积大为萎缩（图 9-1），红树林原有的景观地貌发生了根本性的改变，退化问题突出，亟须修复。

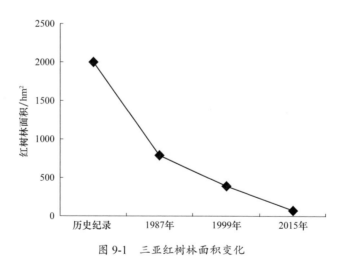

图 9-1　三亚红树林面积变化

9.1　三亚"双修"

　　2015 年，三亚市启动了"生态修复，城市修补"的"双修"工作。生态修复重点是山、河及海岸，红树林和珊瑚礁是三亚海湾河口湿地生态系统的最主要成分，是三亚生态环境的标志，红树林修复可以大大提高三亚的城市品味，对美化城市景观、保护生态多样性等有着积极的意义。在增加三亚红树林面积的基础上，以生态系统服务功能修复和提高景观价值为目标，协调红树林保护与经济利用的关系，显得尤为迫切。

根据《三亚市 2015 年红树林湿地修复工程建设项目实施方案》，三亚将投资 1500 万元，修复红树林 $43.7hm^2$，建设内容包括三亚河造林修复（面积 $7hm^2$）、铁炉港造林修复（面积 $33.3hm^2$）、红树林优质种苗繁育基地建设（面积 $3.3hm^2$）、基础设施建设工程及编制红树林保护区规划。结合多规合一，完成三亚市红树林分布总体规划、三亚河红树林市级自然保护区和铁炉港红树林市级自然保护区的总体规划编制工作，为三亚红树林的长远规划及保护工作提供制度保障。2016 年 4 月，中国城市规划设计研究院编制的《三亚市红树林生态保护与修复规划（2015—2025）》通过了专家评审。目前，铁炉港和三亚河的红树林修复工作正在如火如荼地开展。

三亚的红树林修复工作，虽然资金投入强度比不上深圳、厦门等城市，但从其修复目标、修复策略和修复手段看，充分体现了"生态修复"和"精准修复"的理念。

本章在综合考虑三亚气候、地理、水文、水质、动植物资源和红树林现状的基础上，结合三亚城市发展目标，就三亚红树林修复和利用提出了一系列意见和建议。

三亚铁炉港红树林修复

9.2　修复目标

在贯彻"全面加强建设和保护海岸生态环境，改善和优化滨海生态景观，维护海滨生态安全，促进地方社会经济持续发展"总方针的基础上，科学处理好红树林保护和修复与城市经济发展、城市旅游发展、养殖业发展等的关系。在三亚现有城市格局和红树林现状的前提下，红树林生态修复是协调生态保护与经济利益关系的过程，是协调红树林植被与湿地动物需求关系的过程，是协调红树林植被自然景观与城市绿地景观的过程，是协调河道防洪与红树林植被修复关系的过

程，需要克服众多技术难题并综合考虑各方面的关系。三亚红树林生态修复的成
果，可以彰显三亚生态保护方面的决心、信心，成为三亚生态修复的示范窗口。
红树林修复是三亚"双修"的重点、难点和亮点。

9.3　三亚红树林修复适宜性评估

红树植物的生长发育对气候、土壤、潮汐、盐度、淡水补充、地貌等有一定
的要求。除了土壤、潮汐、地貌外，三亚的气候、红树植物多样性、水体盐度等
自然条件为三亚红树林修复提供了得天独厚的优势。

适宜的气候

温度是调节生物生长繁殖最重要的环境因子，也是控制红树林天然分布的决
定性因素。三亚地处海南南部，深受海洋的影响，降水丰富。三亚属热带海洋季
风性气候，年平均气温 25.5℃，1 月气温最低（月均 20.7℃），4～10 月的平均气
温均在 27℃以上（图 2-3）。这些气候因素为三亚红树林修复提供了得天独厚的
条件，可以很方便地从乡土树种中筛选出生长速度快、高大的红树植物种类。

此外，三亚的气候条件还给红树林造林时机的选择提供了额外的机会。除了
传统的春季造林外，10 月的气候条件还给造林提供了一个额外的窗口。虽然三
亚 10 月的平均降雨低于 7 月、8 月、9 月，但还是接近 100mm，11 月、12 月及
1 月的温度可以满足红树植物苗木种植后恢复生长的需要（图 2-3）。因此，除了
春季，三亚的红树林造林还可以在 10 月进行。

理想的水体盐度

水体盐度是影响红树植物生长发育的最重要因素之一。不同红树植物有不同
的盐度需求，白骨壤、杯萼海桑和榄李的耐盐能力较高，可以在盐度超过 30‰
的水体中正常生长发育；海桑对盐胁迫敏感，多见于低盐水体，盐度超过 20‰
对其生长不利。但对大多数红树植物而言，10‰～15‰ 是其最佳生长盐度。

我们实测了青梅港、铁炉港和榆林港水体盐度昼夜变化和空间变化。青梅港
红树林潮沟退潮时水体盐度在 0.6‰～26.6‰，从出海口往上游，水体盐度逐渐
下降。丽思卡尔顿酒店西侧是水体盐度剧变区，盐度从 21.2‰ 急剧下降至 0.6‰
（图 9-2）。铁炉港红树林集中分布区有 4 条小水沟流入，4 条断面水体盐度变化
如图 9-3 所示，从外侧水道至红树林内缘，水体盐度有明显下降趋势。外侧水道
水体盐度稳定在 30‰ 左右，红树林外缘盐度变化范围为 14‰～31‰，红树林中
间的盐度变化范围为 3.7‰～31‰，红树林与陆地农田交界处的盐度变化范围为

图 9-2 三亚青梅港红树林区水体盐度变化　　图 9-3 三亚铁炉港红树林区地表水盐度变化
（单位：‰，测定时间 2012 年 1 月 7 日）　　（单位：‰，测定时间 2015 年 12 月 8～9 日）

3.7‰～1.0‰。榆林河下游水体盐度日变化在 9.7‰～30.5‰，平均为 23.5‰；榆林河中游水体盐度日变化在 1.4‰～30.2‰，平均为 15.7‰（图 9-4）。

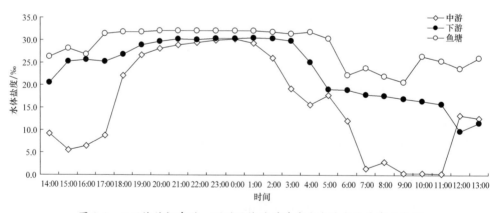

图 9-4 三亚榆林河中游、下游及榆林港某废弃鱼塘水体盐度日变化
（测定时间为 2008 年 11 月 14～15 日）

以上结果表明，三亚红树林分布区水体盐度非常适合大部分红树植物生长。此外，水体盐度存在非常大的时空变化，虽然会给红树林恢复带来技术上的困难，但如果科学设计和规划，可为营造树种多样、生态功能和景观功能突出的红树林创造理想条件。

丰富的红树植物种类

三亚众多原生红树植物种类为三亚红树林修复提供了更多的选择。三亚现有的红树植物种类囊括了红树植物应对潮间带恶劣生境的所有适应方式。根系类型：正红树和红海榄的支柱根、白骨壤的指状呼吸根、杯萼海桑的笋状呼吸根、木榄和海莲的膝状根、海漆的表面根、木果楝的表面蛇形根、银叶树的板状根；繁殖方式：正红树、红海榄、木榄、角果木和海莲的显胎生，白骨壤、桐花树和水椰的隐胎生，木果楝、海漆、榄李、红榄李和杯萼海桑的非胎生；盐渍生境适应方式：白骨壤和桐花树的叶片泌盐，木榄、海莲、正红树等的根系拒盐；耐盐能力：从最不耐盐的海桑到最耐盐的白骨壤、杯萼海桑和榄李；潮间带分布：三亚青梅港和铁炉港的红树林演替系列完整，从低潮带、中潮带、高潮带到潮上带半红树植物区，再到海岸林，都有代表性物种（图 9-5）。青梅港保护区内的潮滩具有连续的地形梯度变化，既有海水极少淹浸的高地势潮滩，又有海水淹浸较多的低地势潮滩。从港口至上游的纵向及从河流底床向两岸的横向的两个轴线上，潮滩位置逐渐增高，适合于对海水淹浸具有不同耐受程度的各种红树植物的生长，有利于恢复和构建由半红树和真红树植物组成的多样化的红树林生态系统。在中、低潮滩适合恢复真红树植物，在高潮滩适合恢复半红树植物。此外，从生活型角度看，三亚红树植物乔木、灌木和草本种类齐全。这样的条件和机遇，全国仅三亚一地。

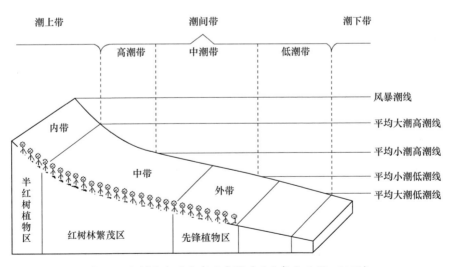

图 9-5　红树林潮滩分布示意图（王文卿和王瑁，2007）

9.4 三亚红树林修复手段

通过人工造林方式，增加三亚红树林面积；通过对退化林地的人工促进抚育措施，加快红树林向顶极群落方向演替，提高其生态功能和增加抵抗外界干扰的能力；通过人工手段，扩大珍稀濒危种的种群数量，使三亚成为真正的中国热带红树林基因库；通过生态系统重构手段，为底栖动物、鱼类、鸟类创造良好的生存空间，提高生物多样性；通过构建红树林湿地公园，为三亚红树林生态旅游提供空间，打造三亚红树林生态旅游品牌。

9.4.1 珍稀濒危树种种群修复

三亚红树林具有珍稀濒危种种类多、分布集中的特点。三亚的拉氏红树、水椰、小花老鼠簕和尖叶卤蕨已经灭绝，红榄李、银叶树、玉蕊、长梗肖槿等野外种群数量非常少，若不采取有效措施，灭绝"指日可待"，其他树种如海莲、尖瓣海莲、瓶花木、海滨猫尾木等种群数量也很小。因此，必须对这些树种采取针对性的措施，恢复其种群数量，包括：加强对这些濒危种生长环境的管理和修复，禁止人为直接破坏，避免珍稀濒危种分布地景观格局的人为改变，进而破坏水系；及时清除漂浮垃圾；对其生长繁殖情况进行跟踪监测，明确繁殖障碍的主导因素，采取针对性措施促进其种群更新，及时处理病虫害情况；将珍稀濒危种的种群恢复工作纳入三亚红树林造林计划和城市绿化计划中，人工繁殖苗木，结合人工恢复造林和城市绿地建设，扩大这些濒危植物的种源和种植面积。银叶树、海滨猫尾木、玉蕊等半红树植物不仅能够适应海岸环境，也完全可以在远离海岸的城市绿地中正常生长。

9.4.2 红树林湿地生态系统完整性的修复

红树林生态系统是由大气系统、陆地系统、水体系统共同作用形成的具有独特水文特征、生物地球化学循环和生态功能，既不同于陆地生态系统也不同于海洋生态系统的以红树植物为主的处于海陆交界处的独特湿地生态系统。健康的红树林湿地包括：林外浅水水域（向外延伸至低潮时水深 6m 线）、林外光滩、潮沟、有林地和陆地一侧淡水湿地或林地。

越来越多的研究表明，红树林生态系统的高生产力和高生物多样性是建立在红树林（有林地）与周边环境（陆地森林、红树林林缘滩涂、潮沟、海草场、珊瑚礁和林外浅水水域）等亚系统的紧密联系的基础上的，也只有与周边的亚系统紧密联系，红树林的生态功能才能得以体现。白鹭是红树林湿地标志性的水鸟，退潮时在林外滩涂觅食，涨潮时在红树林中休息，发育良好的红树林也经常成为白鹭的繁殖地（巢区）。我国香港米埔和台湾淡水河口等地，通过砍伐部分红树植物的方式给湿地鸟类和其他海洋底栖动物营造合适的觅食与活动空间。这就要求红树林的修复与管理必须采用生态系统综合修复与管理的模式。这种模式要求：①红树林与陆地生态系统之间要有自然的过渡。三亚铁炉港红树林集中分布区之所以有这么多的红树植物，就是因为红树林与陆地之间能够保持水系的连通性，这种连通性保证了红树植物能够得到持续不断的淡水供应（图9-3）。红树林与陆地森林之间的自然过渡给一些以昆虫为食的陆鸟进出红树林提供了通道，有助于红树林抵御害虫侵袭。风暴潮发生时红树林中的一些动物可以通过这种通道往陆地一侧转移以躲避危险。一些陆地蟹类生命周期的一段时间需要在海中度过，也需要这种海陆通道。目前，除铁炉港局部地点外，三亚的所有红树林与陆地之间的自然过渡通道已经被道路、海堤和城市阻隔，因此需要通过人工措施，修复动物海陆迁移的通道，修复红树林与陆地水系的连通性，这项工作在青梅港和铁炉港尤显迫切。②林外浅水水域、林外光滩、潮沟和红树林四者之间的面积需要保持一定的比例关系。在修复红树林植被的同时，也要留出一定面积的滩涂，为底栖动物活动和鸟类觅食提供空间。

红树林与陆地森林之间的自然过渡是红树林生态系统健康的前提（石垣岛）

9.4.3　红树林面积修复

三亚现有红树林面积小而分散，这决定了其对外界干扰极为敏感，不利于保护。由于面积太小，无法形成足够的纵深，也很难开展以生态旅游为主的开发利

红树林与陆地森林之间被道路和住宅区阻隔（三亚青梅港）

用。以人工手段为主，自然修复为辅，短时间内迅速增加三亚红树林面积，是三亚红树林修复的重中之重。根据中国城市规划设计研究院 2016 年编制的《三亚市红树林生态保护与修复规划（2015—2025）》，未来 10 年，三亚将恢复性营造红树林 784hm²，使全市红树林面积恢复到 20 世纪 50 年代的规模。

三亚现有的潮间带滩涂不仅面积小，而且潮位太低，不宜直接造林。虽然可以通过工程手段抬高滩涂以达到红树植物生长的要求，但由于这些滩涂是鸟类和底栖动物的主要活动场所，盲目造林不仅成本高，且不利于红树林生态系统的健康发展。除个别地点外，不宜大规模开展。因此，退塘还林是三亚增加红树林面积的主要途径。但是，我们认为《三亚市红树林生态保护与修复规划（2015—2025）》设定的造林 784hm² 的目标太大。

三亚铁炉港内曾经有大面积的红树林，但大部分红树林于 20 世纪 80 年代被改造为鱼塘。2010 年，铁炉港沿岸几乎所有的鱼塘被清退，留下大面积景观功

海拔较高鱼塘不宜营造红树林

三亚铁炉港内废弃的鱼塘

能低下、生态效益差的废弃地，急需开展红树林人工造林。榆林河河口和宁远河河口还有大面积的鱼塘虾池也是退塘还林的重点区域。

需要特别指出的是，铁炉港周边和宁远河两岸还有一些海拔较高的鱼塘，由于破堤后海水无法自由进出鱼塘，无法满足真红树植物生长的基本需求，不宜种植红树林，可以利用半红树植物及其他海岸植物营造海岸景观。

采用大型挖掘机将鱼塘的堤坝推倒，填平鱼塘造林，这是海南目前推行的做法，其优点是容易计算工程量，造林成效明显；缺点是投资大，且经常发生因土方不够导致的平整后地表高程不够而无法造林的问题。此外，这种退塘还林方式对鸟类和底栖动物也不友好。为了增加景观多样性和鸟类、鱼类、底栖动物等的活动空间，可以利用原有地形，将鱼塘改造为高程不同的 5 个部分：残留堤岸、高潮带滩涂、中潮带滩涂、低潮带滩涂和低潮时积水区域，在残留堤岸上种植半红树植物，在中潮带滩涂和高潮带滩涂种植红树林，低潮带滩涂和低潮时积水区域作为鸟类、鱼类和底栖动物的活动空间。保证与外海水体的自由交换是退塘还林工作成功的关键。

此外，在时间允许的情况下，利用红树植物繁殖体（胚轴、果实）随水漂流的特性，在周边有一定面积红树林的前提下，只要打开鱼塘缺口，经过一段时间，红树林可以自然恢复，这种情况在三亚榆林港、东方昌化江口、澄迈花场湾、儋州新盈湾、海口东寨港和文昌八门湾等地均有出现。这种借助自然的恢复只要很少的投入就可以取得较好的效果，缺点是需要的时间较长。

鱼塘堤岸决口后红树林自然恢复　　　　　鱼塘堤岸决口后红树林自然恢复
（澄迈花场湾）　　　　　　　　　　　　（儋州新盈湾）

9.4.4　红树林景观林带

真红树植物和海陆两栖的半红树植物是河道景观绿化最适宜的植物，既能美化河道景观，提升城市形象，又能形成自然的护岸，不仅有利于生物多样性保护，还可以节约大量投资。可以在宁远河两岸、海棠湾的龙江塘河两岸种植红树植物，营造自然的红树林景观河岸线。此外，三亚其他地点的一些鱼塘、虾池等，也可以通过在堤岸及堤岸边种植半红树植物和真红树植物达到固堤护岸与景观美化的效果。

半红树植物水黄皮种植于鱼塘堤岸

红海榄是很好的护岸植物

海桑种植于河道两侧，能够形成很好的景观（照片提供：施苏华）

9.4.5 红树林"上岸"工程

一些三亚原生的海陆两栖半红树植物如银叶树、玉蕊、海滨猫尾木、黄槿、杨叶肖槿、海檬果、莲叶桐、水黄皮等树种，不仅可以在海陆交界处生长，也完全可以在陆地生长。这些树种不仅具有很高的观赏价值，对于营造热带海岸城市景观也有非常独特的效果。因此，如果能够将它们用于城市绿化，不仅可以发挥乡土树种的优势，大大提高三亚绿化的品位，且对银叶树、海滨猫尾木、玉蕊、莲叶桐等珍稀濒危树种的保护也有积极意义。目前，部分树种如黄槿、海檬果已经在三亚得到一定程度的应用，需要相关部门及育苗单位积极参与进来。

三亚铁炉港的海檬果

玉蕊是一种新型的园林绿化植物

水黄皮是台湾常见绿化植物

黄槿是我国南方绿化应用最多的半红树植物

9.5　三亚各地红树林修复重点

9.5.1　青梅港红树林修复

经过三亚市林业局和三亚亚龙湾开发股份有限公司的共同努力，青梅港红树林处于明显的自然恢复中。拟采取自然修复为主、人工修复为辅的策略。重点内容有：

进一步改善青梅港水质：青梅港的水质问题一直没有解决，内湾（龙溪桥北侧）水体污染问题较严重，污水来源不明。建议清查现有的排污口，以明确污水来源，并采取针对性措施。

采取人工措施，逐步替代外来物种拉关木和无瓣海桑，以恢复自然保护区应有的属性。

半红树植物修复：青梅港西侧有一定面积以木麻黄为主的人工林，建议采取人工措施，用半红树植物及其他原生滨海植物逐步替代，恢复其自然景观。

打通红树林与山体的自然联系：青梅港红树林已经被酒店群和公路完全包

围，红树林与陆地植被的自然联系被完全阻断。改造现有公路，在一些地点架桥，开辟动物通道。

9.5.2 三亚河红树林修复

虽然三亚河红树林风景优美、植株高大，但面积小、林相不完整、景观高度破碎化、漂浮垃圾多、周边城市化程度高等固有缺陷，已经不可能对其按照原生红树林的要求进行修复。通过加强保护和管理，采取封育为主、人工修复为辅的方式，在林带狭窄、断带或稀疏的地段采取人工抬高滩涂的方式增加宜林地面积，人工辅助造林。造林树种以正红树为主，避免引入无瓣海桑、秋茄等外来种。采取人工措施，扩大极度濒危树种长梗肖槿的种群数量。对沿河两岸的环境进行综合整治，减少人为干扰。

近年来，通过排污口整治、污水管网建设、加大面源污染整治等措施，三亚河水质明显改善。随着水质的改善，三亚河软体动物的数量也开始恢复。2008年，我们没有在三亚河找到活的软体动物，2015年调查时分别记录到腹足纲和双壳纲软体动物各4种，这说明三亚河红树林维持生物多样性功能正在缓慢恢复。2015年7月，三亚市人大常委会通过了《关于加强三亚河生态保护管理的决定》。《三亚市河道生态保护管理条例》也于2016年11月1日起实施。

此外，迫切需要对三亚河的红树林开展一次综合调查，明晰红树林的分布范围与面积、生物资源（植物种类、底栖动物、昆虫、鱼类、鸟类等）现状、环境质量（水质、噪声、光污染等）、地形地貌、沉积物等，在完成红树林保护区总体规划的基础上，明确保护区的土地权属与边界。同时，需要理顺保护区与市政、园林、环卫、河道管理等部门的关系。此外，需要充分发挥三亚河的区位优势，充分利用各种新技术，将三亚河红树林市级自然保护区建设成为三亚红树林宣教基地。

9.5.3 铁炉港红树林修复

为了配合海棠湾的开发，相关部门将铁炉港的海洋功能区划由养殖区改为滨海旅游度假区。铁炉港所在的海棠湾成为三亚市东部滨海度假旅游区的重要组成部分。生态优先是海棠湾开发的前提。铁炉港红树林生态修复主要内容有：

现有红树林古树区域的环境修复：加强管理，减少人为干扰，禁止大型牲畜进入红树林，定期清除垃圾，规范周边高尔夫球场的污水排放。

古树保护：对现有古树逐一挂牌保护，定期跟踪生长发育状况，及时处理病虫害。

珍稀濒危红树植物种群修复：对红榄李、木果楝、瓶花木、正红树、水椰、玉蕊、银叶树、海滨猫尾木等树种，研究规模化育苗技术，开展大规模育苗，并应用于红树林造林。

退塘还林：铁炉港周边有大面积的鱼塘（图 9-6），对铁炉港周边鱼塘实施退塘还林是三亚红树林生态修复的重点。在退塘还林的具体实施过程中，要根据地形尤其是滩涂高程，综合考虑真红树植物和半红树植物、先锋种和演替后期种、速生种和慢生种的搭配。造林树种应选择铁炉港原生植物种类，不得使用拉关木和无瓣海桑。秋茄的使用应慎重，根据现有资料，历史上三亚没有秋茄的天然分布，且秋茄怕热，后期生长表现不佳。

图 9-6　三亚铁炉港周边鱼塘分布图

管理机制的修复：尽快编制红树林保护区总体规划，明确保护区的土地权属与边界。此外，需要重点理顺铁炉港红树林市级自然保护区建设和海棠湾旅游开发的关系。大部分人认为，自然保护区的存在极大地约束了周边旅游度假区的开发。事实上，只要遵守自然保护区的相关法律法规，按照红树林保护区的具体要求去做，自然保护区的存在会给周边旅游开发带来意想不到的好处。保护区的地理位置和丰富的湿地资源为生态旅游提供了更高档次的旅游景观。自然保护区的存在可以大大提高旅游度假区的品位，大大增加对游客的吸引力，还能大大降低投资。只要旅游开发真正遵从"生态优先"的原则，完全可以做到自然保护区与旅游开发共赢。因此，需要海棠湾开发区相关部门及铁炉港周边旅游从业者积极参与铁炉港红树林市级自然保护区的规范化管理与建设。

9.5.4　榆林港红树林修复

早在 2009 年，我们就提出了在榆林港建设红树林湿地公园的设想。中国城市规划设计研究院 2016 年编制的《三亚市红树林生态保护与修复规划（2015—2025）》也建议在榆林港建设榆林河国家城市红树林湿地公园。

三亚需要一个以红树林为主题的湿地公园。虽然三亚的红树林是我国树种最丰富、最古老、最美和最具热带特色的红树林，但由于目前红树林的主体均在青梅港、三亚河和铁炉港三个自然保护区中，开展生态旅游受到诸多限制。且这些自然保护区还有一个共同缺点：面积小，无法开展真正意义上的生态旅游。

榆林港的区位优势为建设湿地公园提供了保障。榆林港位于三亚市市区东部，毗邻亚龙湾旅游度假区，处于主城区、大东海、亚龙湾三者的几何中心，是通往主城区、大东海、亚龙湾、海棠湾及铁炉湾的必经之路，是三亚市的"东大门"。榆林河沿岸的红树林是真正的城市红树林。新修订的三亚旅游规划把三亚定位为"山、海、河、城"构筑的综合要素型城市，而榆林港城市红树林具有"海、河、城"的要素，是最能体现三亚特色的景观要素单元。

榆林港的自然条件为建设湿地公园提供了可能。榆林河出海口两岸红树林种类丰富、高大、古老、景观优美，这为榆林港红树林发展提供了基础，是未来湿地公园的核心。榆林河沿岸丰富的红树植物种类为人工造林提供了绝佳的参照，就现状而言，中国国内所有的红树植物种类都可以在榆林港存活。项目区有滩涂、盐田、鱼塘、稻田、红树林等多种湿地类型，为构建景观多样、层次丰富的湿地公园提供了可能，也为各类群动物的栖息提供了空间。据估计，整个红沙港（包括榆林河沿岸）有总面积超过 150hm^2 的鱼塘和盐田，不仅可以保留部分鱼塘和盐田作为旅游资源，还可以实施较大规模的退塘还林，大大增加红树林面积，营造三亚连片面积最大的红树林，为开展红树林生态旅游提供足够的空间。

榆林河国家城市红树林湿地公园规划面积为 236hm^2，其中不对公众开放的生态保育区面积 70hm^2。生态保育区实行最严格的管理规定，最大限度让湿地进行自我修复。

建设榆林河国家城市红树林湿地公园，不仅能够有效保护红树林生态系统和珍稀濒危鸟类资源，提升区域的生态环境，成为城市的后花园，同时可依托特有的红树林湿地资源开展科普、观鸟等生态旅游，打造三亚市生态旅游品牌。

9.5.5　宁远河河口红树林修复

宁远河河口位于崖城镇宁远河的入海口，距离三亚市区 25km。根据厦门大学林鹏教授 20 世纪 80 年代初的调查，宁远河河口曾经有大面积的天然红树林。现在部分地点还可以发现零星生长的白骨壤等红树植物。根据现有的地形地貌、水文、土壤等条件，宁远河河口满足红树林造林的要求。中国城市规划设计研究院 2016 年编制的《三亚市红树林生态保护与修复规划（2015—2025）》建议在宁远河河口通过人工造林的方式，恢复一定面积的红树林，建设总面积 132hm^2 的湿地公园。

9.6 三亚红树林修复典型案例——青梅港红树林大规模死亡事件

红树林所处的环境是一个典型的生态交错区——海陆交界处，这决定了其对人类活动和全球变化非常敏感。近年来，以红树植物大规模死亡为主要表现方式的环境事件接连发生。

2016 年，澳大利亚北部卡奔塔利亚湾约 7000hm^2 红树林大面积死亡。整个卡奔塔利亚湾南部海湾的红树林在一个月内全部受到影响，其速度和规模都是空前的，也是世界上迄今为止最大规模的一次红树林死亡事件，将对澳大利亚渔业产生重大影响。全球变化导致的干旱和高温是造成红树林死亡的直接原因。

2016 年澳大利亚北部卡奔塔利亚湾红树林大面积死亡（图片提供：Norman Duke）
（https://www.theguardian.com/environment/2016/jul/11/massive-mangrove-die-off-on-gulf-of-carpentaria-worst-in-the-world-says-expert#img-1）

近年来，我国红树林规模化死亡事件也接连发生。2009 年以来，海南、广西和福建的红树林接连发生规模性死亡事件。在污染、团水虱（*Sphaeroma*）危害、台风和其他因素的共同作用下，海南东寨港红树林大面积死亡。

2011 年 10 月，三亚青梅港红树林市级自然保护区的红树植物开始大面积死亡，至 2012 年 1 月初，死亡面积占青梅港红树林总面积的 40%。根据事后的调查，本次红树林死亡事件具有突发、死亡树种多、规模大和持续时间长的特点，青梅港半数以上的红树植物种类受影响，受害最严重的杯萼海桑几乎全部死亡（表 9-1）。类似的事件国内还是第一次发生。

海南东寨港红树林死亡

2011 年广西北海红树林死亡　　　　　　2013 年福建厦门海沧红树林死亡

三亚青梅港红树林死亡（拍摄时间：2012 年 1 月）

表 9-1　2012 年 1 月三亚青梅港主要红树植物种类生长情况

树种	调查株数	生长状况			
		正常 /%	中 /%	差 /%	死亡 /%
卤蕨 *Acrostichum aureum*		未见死亡个体			
木果楝 *Xylocarpus granatum*	161	85.7	11.8	1.9	0.6
海漆 *Excoecaria agallocha*	278	100	0	0	0
杯萼海桑 *Sonneratia alba*	239	0	3.8	5	91.2
木榄 *Bruguiera gymnorhiza*	5	100	0	0	0
角果木 *Ceriops tagal*	3091	15.9	13.5	4.3	66.3
正红树 *Rhizophora apiculata*	1574	49.7	29.2	10	11.1
红海榄 *R. stylosa*	126	47.6	41.3	7.1	4
榄李 *Lumnitzera racemosa*		绝大部分生长正常，极个别个体死亡或生长不良			
桐花树 *Aegiceras corniculatum*	421	89.5	10.5	0	0
白骨壤 *Avicennia marina*	98	29.5	8.2	4.1	58.2
瓶花木 *Scyphiphora hydrophyllacea*	791	76.9	17.2	1.1	4.8

　　青梅港红树林死亡事件引起了海南省各级林业部门、公众和媒体的广泛关注。死亡原因众说纷纭，有人说是污染导致，有人说是病虫害导致，有人说是暴雨导致，有人说是全球变化导致，有人说是管理不善导致。还有人说青梅港只是一个开头，这种死亡现象将迅速向其他地点蔓延。三亚市林业局作为青梅港红树林的主管部门，迫切需要知道红树林确切的死亡原因，并采取针对性的措施。

　　2011 年 12 月初，三亚市林业局组织调查专家进驻青梅港开展初步调查，12 月中旬确定详细调查方案，同时开展调查前的仪器设备准备，12 月底调查队伍

调查队伍工作情况

正式进驻亚龙湾。2012 年 1 月初，完成现场调查，1 月底调查报告完成并通过专家评审。2012 年 3 月，确定青梅港红树林修复方案，修复工程开始实施。

专家组详细调查了青梅港的气象、水文、水质、土壤（沉积物），逐一记录了所有红树植物种类的生长状况、受害程度及红树植物高度和潮位的关系，详细询问了保护区护林员、青梅港周边的渔民和酒店工作人员，形成最终的调查报告。调查发现，青梅港红树植物死亡率和受害程度与滩涂高程和植株高度有关，滩涂高程越低、植株越低矮，死亡率也就越高（图 9-7，图 9-8）。除有一定程度的水污染外，气象、水文、水质和土壤没有发现异常，也未见明显的病虫害。综合分析青梅港现有红树植物对潮汐和水体盐度的适应性，结合国外案例，专家组认定：青梅港红树林死亡的最直接原因是长时间淡水高水位浸淹。由于某工程施工需要，在亚龙湾出海口修建临时施工便道，阻挡了青梅港与外海的水体交换。2011 年 10 月的强降雨使得青梅港内洪水无法及时外排，淡水长时间高水位浸淹红树林，红树植物无法忍受这种胁迫而生长不良或死亡。

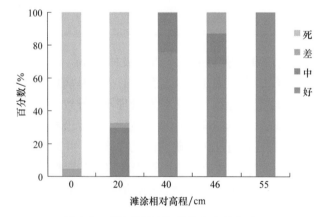

图 9-7 不同高程滩涂角果木生长状况

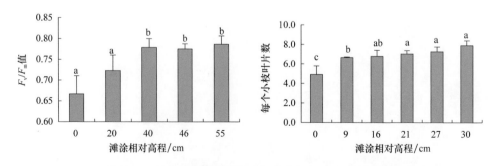

图 9-8 不同高程滩涂角果木叶片健康指数及叶片生长状况

柱上字母不同表示各值间差异显著（$P<0.05$）

　　基于以上判断，相关部门没有采取病虫害防治、污染治理、土地平整、改变水文等常规的恢复手段，而是在保证青梅港与外海水文连通的前提下，选择以自然修复为主、人工修复为辅的修复策略。主要措施有：充分利用残存的健康植株还能正常开花结果的有利条件，清除部分死亡角果木植株，为繁殖体自然传播创造机会；对于大面积死亡地段，人工种植拉关木和无瓣海桑。灾后 4年，杯萼海桑、正红树、角果木、桐花树和白骨壤的自然恢复情况良好；人工种植的拉关木表现出很强的适应性，第二年就开花结果并繁殖后代；无瓣海桑生长情况一般。因此，从技术角度讲，海南省林业主管部门及三亚市林业局对本次红树林大规模死亡事件处理得当，不但节约了大量不必要的投资，还取得了较好的修复效果。

清理死亡的角果木植株

灾害发生前（2011 年 6 月 14 日）　　　　灾害发生时（2011 年 11 月 17 日）

灾后 1 个月（2011 年 12 月 9 日）　　　　灾后 30 个月（2014 年 6 月 14 日）

灾后 39 个月（2015 年 3 月 14 日）　　　　灾后 48 个月（2015 年 12 月 7 日）

灾后自然生长的角果木　　　　人工种植的拉关木（2015 年 3 月）

三亚青梅港红树林死亡事件应急处理经验总结：

快速准确判断死亡原因，是成功修复的前提。死亡事件发生后，在海南省林业厅野生动植物保护管理局的指导下，三亚市林业局和三亚亚龙湾开发股份有限公司会同厦门大学和海南东寨港国家级自然保护区的专家，运用大量先进仪器，开展了全方位多领域的调研，及时确定了死亡原因。

及时的跟踪监测，为判断死亡原因提供了难得的数据。青梅港红树林由三亚红树林保护站和三亚亚龙湾开发股份有限公司共同管理。护林员发现死亡情况后，马上汇报并拍照记录，为准确判断死亡原因提供了依据，争取了时间。

针对性采取了自然修复为主、人工修复为辅的修复策略，不仅节约了大量投资，还争取了时间，同时取得了较好的修复效果。

有关部门没有听从专家组利用乡土树种修复的建议，为了应对舆论压力，引进速生的拉关木和无瓣海桑。虽然造林取得了成功，但给后续管理留下了隐患。

第10章

三亚红树林利用——生态旅游

与其他森林类型相比，红树林具有结构复杂、物种多样、生产力高等特点，具有独特的生态功能和重大的社会、经济价值。它既是湿地又是森林，具备了地球的肾与肺的双重功能。除直接提供木材、药材及作为经济动物捕捞养殖场所外，红树林在维持生物多样性、防浪护堤、促淤造陆、维持高渔业产量、净化水体及科普旅游和科学研究等方面的生态系统服务功能远远高于一般的自然生态系统。2014 年，著名的生态学家 Robert Costanza 对全球生态系统的服务功能进行了重新评估，结果发现每公顷红树林每年提供的生态系统服务功能达 193 843 美元（按照 2011 年的标准），仅次于珊瑚礁，远远高于热带森林（图 10-1）。此外，作为海陆交界处的森林生态系统，红树林不仅是地球上生产力最高的海洋生态系统之一，也是地球上开放程度最高的自然生态系统，以极低的植物多样性支撑了

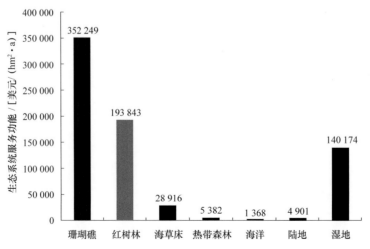

图 10-1 全球生态系统服务功能比较（Costanza *et al*.，2014）

受红树林保护的盐田（三亚榆林港）　　受红树林保护的简易海堤（三亚榆林港）

生态旅游（台湾台江四草）　　三亚河的红树林旅游码头

红树林餐馆　　红树林餐馆内来自红树林的海鲜

极高的动物多样性。红树林是我国最"值钱"的自然生态系统。

红树林海岸是热带、亚热带海滨独特的自然景观和人文景观，被国际公认为是世界上最富科普教育和旅游功能的生态系统，它几乎具备了生态旅游和科普教育的所有要素。除了形态奇特的红树植物外，生活于红树林中的动物也给人展示了一个多姿多彩的奇幻世界。红树林生态旅游的最大价值不在于观光，而在于体验，这明显区别于普通森林生态系统的生态旅游。以体验为主的红树林生态旅游主要有：观鸟、赏蟹、拾贝、钓鱼和下滩涂体验等方面的功能。依据红树林湿地系统的美学价值和旅游服务功能，建立以红树林为主题的观光项目已成为一种趋势。随着人们对红树林生态系统重要性认知的逐渐加深，如何最大化发挥和利用红树林的综合效益来实现经济发展与生态保护双赢局面，成为政府和诸多红树林保护区管理人员共同面临的问题。

红脚鹬（照片提供：卢刚）

大白鹭和小白鹭（照片提供：邹华胜）

正在"画地图"的滩栖螺

成群结队的和尚蟹

三亚作为我国唯一的热带旅游城市，其红树林与其他地区相比，具有红树植物物种最丰富，珍稀濒危植物分布最集中、最古老、最高大和最具热带特色的特点，三亚河、青梅港和榆林港的红树林也是我国最典型、最美的城市红树林。这些特征赋予了三亚红树林无与伦比的生态旅游价值。

在海南国际旅游岛开发和生态省建设的大背景下，加上 2014 年 4 月李克强总理考察海南红树林，海南已经掀起了新一轮红树林保护与开发利用的高潮，且红树林已经成为我国公众关注程度最高的自然保护对象之一，三亚理应在红树林的保护与开发利用中发挥领头羊的作用，在科学保护红树林的同时，充分发挥红树林的生态旅游的功能，实现其价值。

三亚具有国内最好的红树林生态旅游资源，但与深圳、湛江、厦门、防城港和北海等地相比，三亚市民及政府相关部门对红树林的了解程度存在很大的差距。有关三亚红树林的介绍资料很少，科研单位也很少到三亚开展有关红树林的科研活动，发表的论文相应也很少。目前，除红树植物种类有相关介绍外，有关三亚红树林的结构、功能方面的学术论文寥寥无几。虽然相关机构如三亚红树林保护区管理站、三亚蓝丝带海洋保护协会等已经为红树林的保护和宣传教育开展了不少工作，但是这远远不能满足三亚作为红树林之城的需求。这种情况集中反映在政府相关部门对红树林的忽视上。《三亚城市总体规划（2011—2020）》没有将红树林纳入绿地系统规划，仅仅提到了三亚河滨河的白鹭公园、红树林公园。更糟糕的是，《三亚城市旅游总体规划（2008—2020）（修编）》没有将红树林纳入旅游资源，三亚独一无二的红树林资源，在旅游资源的评价中竟不如一个高尔夫球场。大家都知道红树林好，但为什么好，好在什么地方，无从说起。青梅港红树林周边有数十家高规格酒店，更有以红树林命名的"三亚亚龙湾红树林度假酒店"，三亚还有"三亚湾红树林度假酒店"等，但这些酒店与红树林没有实质性的关系。红树林对三亚旅游业的贡献少到可以忽略不计。2016 年 4 月，由中国城市规划设计研究院 2016 年编制的《三亚市红树林生态保护与修复规划（2015—2025）》通过专家评审。至此，三亚才真正开始重视红树林在提高城市品位及生态旅游中的作用。

10.1　红树林生态旅游案例

东南亚一些国家及我国的香港和台湾在红树林科普教育与生态旅游方面做了很多有益的尝试，值得我们借鉴。

菲律宾

菲律宾保和省有 5 处红树林是当地政府部门和非政府组织（Non-Governmental Organizations，NGO）划定的红树林生态旅游点。这 5 个地方的主要特点是结合当地的其他自然资源，设计适宜自由行及团队旅游的生态导览路线。自由行主要是提供皮筏艇或木筏让游客自由探索红树林的神奇与魅力；团队旅游主要体现在有经过专业培训的红树林解说员，在导览的同时让游客获取更多的红树林知识，为游客提供下浅滩体验的机会，现场介绍生活在红树林内的特色美食"Tamilok"（船蛆虫）。在行程结束后，每个游客获赠一株红树林幼苗，亲自种植在专门划定的滩涂，旨在激励人们保护红树林。

新加坡

新加坡双溪布洛湿地保护区交通便利，有公共汽车经停，有精心设计的木栈道及亭台楼阁，方便游人就近观赏红树林动植物。区内设有艺术馆并开设绘画课和手工课，并提供适合会议、活动及休闲的场所和设施。该保护区生态旅游的特色就是体验游，如在专家的指导下参与者陷入泥滩里进行短途旅行，享受与大自然的亲密接触，同时认识各种各样的动植物。相关工作人员利用绳子等工具通过简单的游戏让孩子了解食物链和食物网。

马来西亚

马来西亚兰卡威红树林适合爱探索冒险的人群。在这里可以坐船环游整个红树林，与大自然亲密接触，看奇花异草，亲自喂食老鹰，欣赏其他特殊景观。哥打京那巴鲁湿地是由当地的非政府组织——沙巴湿地保护协会管理，是集保护、教育、娱乐、旅游和研究于一体的湿地示范中心。这里有 1.5 公里长的红树林木栈道，有专业解说员的导览，有相关的环境教育课程，还可以与企业制定义工计划。

中国香港和台湾

香港米埔自然保护区的科普教育很有特色。保护区有完善的教育设施，针对不同年龄层设计差异化的环境教育方式。如针对小学四至六年级的学生有"米埔点虫虫"（让学生观察及认识昆虫，在不影响湿地和昆虫的前提下，采集昆虫）和"小鸟的故事"（让学生通过角色扮演来认识鸟类，了解米埔的生态价值及重要性）。而针对初中一年级至高中三年级的学生，教育内容则包含湿地生态学家、后海湾规划师和记者，通过不同角色的扮演让学生从不同角度分析事件与社会、经济及环境的相互关系。

台湾淡水河红树林自然保留区交通便捷，有以"红树林"命名的地铁站，一出地铁站便是红树林生态展览馆与保留区。保留区里有呈心形的红树林湿地，林内有供自行车骑行的木栈道，有功能完善的小型博物馆，还有免费提供的丰富多彩的红树林环境教育宣传资料，时常举办一些国际会议或者生态电影节等活动。其日常管

红树林内的观光栈道（深圳福田）　　　　　红树林内的观光栈道（台北关渡）

理、解说均由经过培训的志工完成。志工的专业、敬业和好学，令人印象深刻。

　　总结上述不同地区红树林生态旅游的成功之处，主要体现在：①便捷的交通；②拥有一支专业的环境解说员队伍；③丰富多彩的活动内容；④让游客亲身体验；⑤与当地文化紧密结合；⑥重视红树林的环境教育；⑦配备完善的生态馆或博物馆。

10.2　三亚红树林生态旅游迫切需要解决的问题

　　2014 年 4 月，海南省提出了"规划控制，立法保护，科学修复，合理利用，社会监督，造福子孙"红树林保护与利用的 24 字方针。鉴于三亚红树林资源现状和城市定位，我们建议三亚应该就红树林的保护、利用与开发做出统筹安排。目前，三亚红树林生态旅游迫切需要解决以下问题：

　　1）自然保护区与生态旅游的关系问题

　　我国法律禁止在自然保护区的核心区和缓冲区开展生态旅游，在实验区开展生态旅游也需要对游客人数、游客行为等进行一系列约束。红树林生态旅游的重点之一是体验游，在有经验的导游带领下，深入红树林，探究红树林的美。这种旅游方式无法在保护区的范围内开展。三亚除榆林港外，三亚河、铁炉港和青梅港的红树林都被纳入了自然保护区，生态旅游受到诸多限制。为了能够实现真正的生态旅游，迫切需要通过人工方式，在榆林港区域恢复一定面积的红树林，并结合鸟类、鱼类、底栖动物的行为习性，在人工林面积与滩涂和水域的比例、滩涂高程控制、树种选择搭配等方面，结合生态旅游的目标，制定详细的规划和设计。

　　2）改变对生态旅游的模糊认识

　　多数人认为，红树林景观特别不错，坐船看景就是生态旅游。这种表面的观光旅游实际上是对生态旅游的误解，是对红树林资源的极大浪费。红树林的生态旅游，除坐船看景外，还可以包括观鸟、赏蟹、拾贝、钓鱼和下滩涂体验等方面。只有这样，游客才能与红树林近距离接触，充分发现红树林之美。

3）大力推进红树林宣传教育

导致三亚红树林利用现状的主要原因是政府相关部门和公众对红树林的不了解，现有的科普材料，在照片质量、语言生动性与科学性、形式多样性等方面，都远远落后于国内其他省市。没有针对不同年龄人群设置差异化的环境教育内容，特别是针对中小学生的环境教育。因为有别于一般森林生态旅游，红树林生态旅游集科学性、趣味性、知识性、观赏性和参与性于一身，这对游客的背景知识有一定的要求。游客对红树林的背景知识了解得越多，旅游过程中的趣味性、知识性就越突出，也越有可能由浅度旅游向深度旅游转变。以红树林区常见的底栖动物蟹类为例，它们不仅对红树林生态系统结构和功能的稳定性举足轻重，还具有很大的科普教育价值，招潮蟹的求偶、掘穴和摄食行为，相手蟹的爬树行为，和尚蟹的集群行为，梭子蟹的游泳行为等都是很好的旅游及科普教育资源。一些做得比较到位的红树林旅游区，除了展示主要蟹类的精美图片外，还可以将它们的行为习性通过文字、图片和视频等方式展现给游客，或由经验丰富的导游现场介绍。

4）培养一支敬业、专业的红树林管理队伍与解说员队伍

中国红树林保护区管理人员的技术力量普遍薄弱，这已成为制约我国红树林保护水平发展的瓶颈。自然保护区的科学管理是保护区生存与发展的基础，培养一支懂科学、有技术、善管理、会宣传的专业管理队伍，是红树林自然保护区急需的。我国红树林自然保护区的建设已有30余年的历史，但保护区的管理还处于初级阶段，大多数保护区的管理还处于"看林子"的水平。有必要对保护区管

在有经验的导游或专家带领下，红树林体验游颇受欢迎

理人员、红树林旅游从业者、政府管理人员开展针对性的红树林科普培训，大力引进保护区管理人才，提高人才待遇。一个好的红树林解说员，除了具备一般导游应该具备的基本素质外，还应该熟悉潮汐、各种动植物类群的特点、红树林生态系统的结构功能与特点等。他们不仅是知识的传播者，还应该是自然保护理念的传播者。三亚在这方面还是空白。

5）加强科技支撑

复杂、脆弱和生态系统服务功能高是红树林湿地生态系统的主要特点，红树林的保护、开发与利用都离不开对红树林生态系统结构、功能和过程的了解。由不熟悉、不了解导致的不敢作为和胡乱作为，是我国红树林湿地资源保护、开发与利用面临的主要问题。与国内的其他红树林自然保护区相比，有关三亚红树林的学术论文明显偏少（图 8-2），这表明对三亚红树林的保护、开发与利用缺乏科技支撑。迫切需要相关部门在引进外部力量的同时，加强三亚本地红树林科技人才的培养，对三亚红树林湿地资源现状、结构和功能开展系统的调研。此外，三亚迫切需要一个集科学性、趣味性、观赏性及参与性于一体的红树林宣教馆。国内外几乎所有开展红树林生态旅游的地方均配备了与自身规模相当的科普馆、宣教中心或博物馆。

参 考 文 献

常弘, 毕肖峰, 陈桂珠, 等. 1999. 海南岛东寨港国家级自然保护区鸟类组成和区系的研究. 生态科学, 18 (2): 53-61.

陈桂珠, 王勇军, 黄乔兰. 1997. 深圳福田红树林鸟类自然保护区生物多样性及其保护研究. 生物多样性, 5 (2): 104-111.

陈若海. 2014. 泉州湾河口湿地红树林区鸟类组成和年变动研究. 湿地科学与管理, 10 (4): 61-63.

陈小麟. 2011. 滨海湿地鸟类的动物生态与保护生物学研究. 厦门大学学报 (自然科学版), 50 (2): 484-488.

邓且燊, 关贯勋, 卢柏威, 等. 1989. 广东省及海南重要鸟类资源现况调查. 生态科学, 2: 60-70.

杜菊荣, 周萍, 刘大扬, 等. 1993. 榆林站海洋环境因素积累. 材料开发与应用, 8 (5): 44-49.

冯尔辉, 陈伟, 廖宝文, 等. 2012. 海南东寨港红树林湿地鸟类监测与研究. 热带生物学报, 3 (1): 73-77.

符国瑗, 黎军. 1999. 海南岛古老与原生的三亚红树林. 热带林业, 27 (1): 11-18.

何斌源, 范航清, 王瑁, 等. 2007. 中国红树林湿地物种多样性及其形成. 生态学报, 27 (11): 4859-4870.

江航东, 林清贤, 林植, 等. 2005. 福建沿海岛屿水鸟考察报告. 动物分类学报, 30 (4): 852-856.

李麒麟, 林炽贤, 杜宇, 等. 2014. 三亚市白鹭公园的鸟类调查. 科技视界, (23): 61-63.

李仕宁, 苏文拔, 林贵生, 等. 2011. 三亚青梅港红树林自然保护区鸟类资源调查. 热带林业, 39 (4): 47-51.

林鹏, 谢绍舟, 林益明. 2001. 福建漳江口红树林湿地自然保护区综合科学考察报告. 厦门: 厦门大学出版社.

林清贤, 陈小麟, 林鹏. 2002. 厦门凤林红树林区鸟类组成和年变动研究. 厦门大学学报 (自然科学版), 41 (5): 634-640.

林清贤, 陈小麟, 林鹏. 2005. 厦门东屿红树林湿地鸟类资源及其分布. 厦门大学学报 (自然科学版), 44 (增刊): 37-42.

刘俊. 2009. 三亚滨海旅游发展对城市发展的影响研究. 地域研究与开发, 28 (6): 58-62.

刘一鸣, 许方宏, 林广旋, 等. 2015. 雷州半岛红树林湿地越冬鸻鹬类时空分布格局. 林业资源管理, (5): 117-126.

马剑, 刘博, 刘刚, 等. 2016. 人工光照对迁徙类鸣禽行为影响个案实验研究. 照明工程学报, 21 (3): 8-13.

彭逸生, 王晓兰, 陈桂珠, 等. 2008. 珠海淇澳岛冬季的鸟类群落. 生态学杂志, 27 (3):

391-396.

施富山，王瑁，王文卿，等. 2005. 红树林与鱼类关系的研究进展. 海洋科学，29（5）：54-59.

史小芳. 2012. 红树植物秋茄叶片性状和光合能力的纬度差异. 厦门：厦门大学硕士学位论文.

王博，陈小麟，林清贤，等. 2005. 厦门鹭类集群营巢地分布及其生境特性的研究. 厦门大学学报（自然科学版），44（5）：734-737.

王丽荣，李贞，蒲杨婕，等. 2010. 近50年海南岛红树林群落的变化及其与环境关系分析——以东寨港、三亚河和青梅港红树林自然保护区为例. 热带地理，30（2）：114-120.

王文卿，王瑁. 2007. 中国红树林. 北京：科学出版社.

王文卿，王瑁，高雪芹，等. 2015. 三亚铁炉港红树林自然保护区科学考察报告.

王勇军，刘治平，陈相如. 1993. 深圳福田红树林冬季鸟类调查. 生态科学，（2）：73-83.

吴秋城，方柏州，林伟山，等. 2012. 漳江口红树林国家级自然保护区海产品产量产值研究. 湿地科学与管理，8（1）：34-38.

谢乔，林贵生. 2016. 三亚红树林鸟类. 青岛：中国海洋大学出版社.

徐友根，李崧. 2002. 城市建设对深圳福田红树林生态资源的破坏及保护对策. 资源产业，（3）：32-35.

颜素贞. 2011. 红树林微生境异质性对鱼类多样性的影响. 厦门：厦门大学硕士学位论文.

杨帆，杨传金，孙宁，等. 2012. 三亚红树林景观特点及保护利用对策. 中南林业调查规划，31（2）：31-34.

张国钢，梁伟，刘冬平，等. 2006. 海南岛越冬水鸟多样性和优先保护地区分析. 林业科学，42（2）：78-82.

张乔民，陈永福. 2003. 海南三亚河红树林掉落物产量与季节变化研究. 生态学报，23（10）：1977-1983.

张苇，邹发生，戴名扬. 2007. 广东湛江红树林国家级自然保护区湿地鸟类资源现状及保护对策. 野生动物杂志，28（2）：40-42.

郑光美，王岐山. 1998. 中国濒危动物红皮书（鸟类）. 北京：科学出版社.

中国城市规划设计研究院. 2016. 三亚市红树林生态保护与修复规划（2015—2025）. 内部资料.

周放，房慧伶，张红星. 2000. 山口红树林鸟类多样性初步研究. 广西科学，7（2）：154-157.

周放，等. 2010. 中国红树林区鸟类. 北京：科学出版社.

周小飞，黎军. 2000. 三亚河自然保护区红树林的保护现状及对策. 华南热带农业大学学报，6（2）：25-28.

邹发生，宋晓军，陈康，等. 2000. 海南清澜港红树林湿地鸟类初步研究. 生物多样性，8（3）：307-311.

邹发生，宋晓军，陈康，等. 2001. 海南东寨港红树林湿地鸟类多样性研究. 生态学杂志，20（3）：21-23.

邹发生，杨琼芳，蔡俊钦，等. 2008. 雷州半岛红树林湿地鸟类多样性. 生态学杂志，27（3）：

383-390.

Bui THH, Lee SY. 2015. Endogen ous cellulase production in the leaf litter foraging mangrove crab *Parasesarma erythodactyla*. Comparative Biochemistry and Physiology B, 179: 27-36.

Costanza R, de Groot R, Sutton P, et al. 2014. Changes in the global value of ecosystem services. Global Environmental Change, 26: 152-158.

Dangremond EM. 2015. Propagule predation by crabs limits establishment of an endemic mangrove. Hydrobiologia, 755: 257-266.

FAO. 2004. The state of world fisheries and aquaculture (SOFIA). FAO, Rome.

Giri C, Ochieng E, Tieszen LL, et al. 2011. Status and distribution of mangrove forests of the world using earth observation satellite data. Global Ecology and Biogeography, 20: 154-159.

Hoyo DJ, Elliott A, Sargatal J. 1992. Handbook of the birds of the world. Barcelona: Lynx Edicions, Vol. 1: 1-696.

Krumme U. 2004. Patterns in tidal migration of fish in a Brazilian mangrove channel as revealed by a split-beam echosounder. Fisheries Research, 70: 1-15.

Lee SY. 1995. Mangrove outwelling: a review. Hydrobiologia, 295: 203-212.

Morton RM. 1990. Community structure, density and standing crop of fishes in a subtropical Australian mangrove area. Marine Biology, 105: 385-394.

Robertson AI, Blaber SJM. 1992. Plankton, epibenthos and fish communities. *In*: Robertson AI, Alongi DM. Tropical Mangrove Ecosystems. Washington, DC: Coastal and Estuarine Studies No. 41. American Geophysical Union: 173-224.

Robertson AI, Duke NC. 1987. Mangroves as nursery sites: comparisons of the abundance and species composition of fish and crustaceans in mangroves and other nearshore habitats in tropical Australia. Marine Biology, 96: 193-205.

Rönnbäck P. 1999. The ecological basis for economic value of seafood production supported by mangrove ecosystems. Ecological Economics, 29: 235-252.

Smith NF, Wilcox C, Lessmann JM. 2009. Fiddler crab burrowing affects growth and production of the white mangrove (*Laguncularia racemosa*) in a restored Florida coastal marsh. Marine Biology, 156: 2255-2266.

Wang M, Huang ZY, Shi FS, et al. 2009. Are vegetated areas of mangroves attractive to juvenile and small fish? The case of Dongzhaigang Bay, Hainan Island, China. Estuarine, Coastal and Shelf Science, 85(2): 208-216.

Zou FS, Zhang HH, Dahmer T, et al. 2008. The effects of benthos and wetland area on shorebird abundance and species richness in coastal mangrove wetlands of Leizhou Peninsula, China. Forest Ecology and Management, 255: 3813-3818.